板栗病虫害诊治原色图谱

BANLI BINGCHONGHAI ZHENZHI
YUANSE TUPU

主　编　冯玉增　刘小平
副主编　宋梅亭　陈志麟
编著者　康　林　冯自民　王秀彩

科学技术文献出版社
Scientific and Technical Documents Publishing House
北　京

内容提要

　　该书全面系统地介绍了板栗病虫害鉴别与无公害防治方面的知识。内容包括危害板栗的病原、害虫形态特征、危害特点、发生规律及无公害综合防治知识。该书内容新颖，图文并茂，以图为主，信息量大，既突出了农业和生物防治，也介绍了无公害化学农药防治技术。特点是每种病虫都配有多幅彩色图片，易识易辨，通俗易懂，可供果树站、植保站、果树科技人员、农资系统、农林院校师生及广大果农从事生产参考使用。

　　科学技术文献出版社是国家科学技术部系统惟一一家中央级综合性科技出版机构，我们所有的努力都是为了使您增长知识和才干。

目 录

第一章
板栗病害鉴别与无公害防治 /1

一、板栗软腐病 /1

二、板栗种仁斑点病 /2

三、板栗黑色实腐病 /3

四、板栗炭疽病 /4

五、板栗白粉病 /5

六、板栗枯叶病 /6

七、板栗叶枯病 /7

八、板栗锈病 /7

九、板栗赤斑病 /8

十、板栗芽枯病 /9

十一、板栗枝枯病 /10

十二、板栗疫病 /11

十三、板栗干枯病 /12

十四、板栗膏药病 /13

十五、栗树木腐病 /14

十六、板栗缺硼症 /15

十七、板栗缺锰症 /16

十八、板栗缺镁症 /17

十九、桑寄生 /17

第二章
板栗害虫鉴别与无公害防治 /19

一、栗实象甲 /19

二、栗皮夜蛾 /20

三、栗实蛾 /22

四、三纹象甲 /23

五、桃蛀螟 /24

六、柳蝙蛾 /26

七、栗苞蚜 /27

八、栗大蚜 /28

九、栗斑蚜 /29

十、栗瘿蜂 /30

十一、栗黄枯叶蛾 /32

十二、栗毒蛾 /33

十三、栗小爪螨 /34

十四、栗瘿螨 /36

十五、栎芬舟蛾 /37

十六、栗舟蛾 /38

十七、花布灯蛾 /38

十八、角纹卷叶蛾 /39

十九、栗天蚕 /41

二十、绿尾大蚕蛾 /42

二十一、茶蓑蛾 /44

二十二、大袋蛾 /46

二十三、白囊蓑蛾 /47

二十四、黄刺蛾 /49

二十五、白眉刺蛾 /51

二十六、丽绿刺蛾 /52

二十七、扁刺蛾 /53
二十八、金毛虫 /55
二十九、茶长卷叶蛾 /56
三十、舟形毛虫 /58
三十一、折带黄毒蛾 /60
三十二、舞毒蛾 /61
三十三、褐角肩网蝽 /63
三十四、硕蝽 /64
三十五、栗剪枝象甲 /65
三十六、大灰象甲 /66
三十七、木橑尺蠖 /68
三十八、黑额光叶甲 /69
三十九、铜绿金龟 /70
四十、苹毛丽金龟 /71
四十一、小青花金龟 /72
四十二、樟蚕 /73
四十三、板栗巢沫蝉 /75
四十四、八点广翅蜡蝉 /76
四十五、柿广翅蜡蝉 /77
四十六、大青叶蝉 /79
四十七、六星吉丁虫 /80
四十八、栗绛蚧 /81
四十九、栗链蚧 /82
五十、草履蚧 /83
五十一、康氏粉蚧 /85
五十二、枣龟蜡蚧 /86
五十三、板栗透翅蛾 /87
五十四、栗山天牛 /89
五十五、薄翅锯天牛 /90
五十六、核桃天牛 /91
五十七、柳干木蠹蛾 /93
五十八、光滑材小蠹 /94
五十九、六星黑点蠹蛾 /95
六十、黑翅土白蚁 /96

第三章

板栗园害虫主要天敌保护与鉴别利用 /99

一、食虫瓢虫 /99
二、草蛉 /100
三、寄生蜂、蝇类 /101
四、捕食螨 /103
五、蜘蛛 /104
六、食蚜蝇 /105
七、食虫蝽象 /106
八、螳螂 /107
九、白僵菌 /108
十、苏云金杆菌 /109
十一、核多角体病毒 /110
十二、食虫鸟类 /110
十三、蟾蜍（癞蛤蟆）、青蛙 /112

第四章

板栗病虫无公害综合防治 /114

一、适宜果园使用的农药种类及其合理使用 /114
二、无害化病虫害综合防治 /116

参考文献 /122

第一章

板栗病害鉴别与无公害防治

一、板栗软腐病

1. **病原** 为接合菌门匍枝根霉菌：*Rhizopus stolonifer*（Her. ex Fr.）Vuill.。主要危害果实。

2. **症状鉴别** 果实霉烂，灰白色，略软化，表面生灰白色绵状霉，后期出现点状黑霉（即病原菌的菌丝、孢子囊梗和孢子囊）。（图1-1）

图1-1 板栗软腐病

3. **发病规律** 该菌寄生性弱，分布十分普遍，可在多种植物上生活，条件适宜时产生孢囊孢子，靠风雨传播，从伤口等部位侵入。树势衰弱或遭受冻害者容易染病；果实伤口多者发病重；病健果接触也可直接传染；栗果成熟期遇雨或成熟后未及时采摘，常造成大量烂果；采摘后的果实装箱或运输中碰撞、挤压等损伤是贮运过程中招致病菌侵染，引起栗果腐烂的重要原因。该菌分泌果胶酶能力强，致病组织呈浆糊状，在破口处又可产生大量孢子囊和孢囊孢子进行再侵染。气温23~28℃、相对湿度高于80%易发病。

4. **防治要点**

（1）农业防治：加强果园管理，合理修剪，保持果园通风透光良好；发现病果及时摘除，集中处理，减少再侵染源；雨后及时排水，防止湿气滞留果园；果实成熟后及时采收，防止产生日灼果；采收和贮运时尽量避免损伤果实。

（2）药剂防治：在栗果近成熟时喷洒一次5%菌必清水剂500~800倍液或50%多菌灵可湿性粉剂800倍液、50%扑海因可湿性粉剂1500倍液、70%甲基托布津可湿性粉剂700倍液等，控制病害的发生。长距离运销的果实,采摘后用山梨酸钾 500 ~ 600 倍液浸泡后装箱,可减少贮运期间侵染发病。

二、板栗种仁斑点病

1. **病原** 引起栗果种仁产生黑斑的病因有炭疽病、黑斑病、褐腐病、青霉病等。黑斑病病原为链格孢菌[*Alternaria alternata* (Fr.)Keissl.],褐腐病病原为串珠镰孢菌(*Fusarium moniliforme*),青霉病病原为扩展青霉菌(*Penicillium expansum*),均属半知菌类真菌。主要危害果实。

2. **症状鉴别** 不同病因引起的栗果种仁黑斑症状:①炭疽病,栗仁表面呈圆形或近圆形黑色病斑,内部呈浅褐色干腐;②黑斑病,栗仁表面产生近圆形至不规则形、褐色至黑褐色病斑,边缘色深,病健部分界明显,病斑上常生灰色至灰黑色层(即病原菌分生孢子梗和分生孢子);③褐腐病,栗仁表面产生不规则褐色斑驳,有时现白色、粉色或浅紫色霉菌,严重时果实腐烂;④青霉病,栗仁表面产生近圆形至不规则形、褐色至黑褐色病斑,病斑表面或内部伤口处可见青绿色霉层。(图 1-2)

3. **发病规律** 几种病原菌菌源广泛,在寄主病残体或土壤中越冬,借风雨传播。板栗在采收后,随着水分的丧失,抗病性逐渐降低,当栗仁表面失水 20% 左右时抗病性最低,此时病菌常乘机侵入引起发病。炭疽菌、链格孢菌生长期侵入幼果常不显症;褐腐病菌、青霉病菌采收后通过伤口侵入。贮存场所温度高、湿度大利于病害发生和扩展;南方果区比北方果区发病重。

4. **防治要点**

(1)农业防治:加强栽培管理,增施有机肥,增强树势,提高抗病性;农事操作、采收、贮运过程中

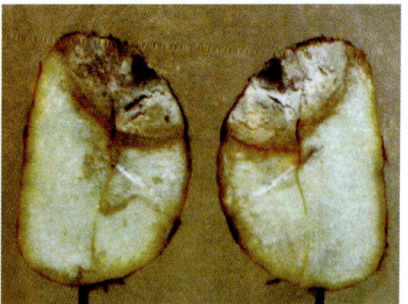

图 1-2 板栗种仁斑点病(右为剖面)

尽量减少机械伤口；保湿贮运，防止栗果失水；把栗果贮存在0℃和相对湿度90%的条件下或用气调贮存。

（2）果实采收前后喷洒 XM16 拮抗菌培养液500倍液，对炭疽菌、链格孢菌、镰刀菌、拟盘多毛孢菌、粉红单端孢菌5种真菌的抑制效果达100%。

（3）药剂防治：提前防治炭疽病、黑斑病，减少带菌病果潜伏侵染，可喷洒50%扑海因可湿性粉剂1000倍液或75%达科宁可湿性粉剂600倍液等；褐腐病、青霉病多发区，可选用50%代森锰锌可湿性粉剂800倍液或50%甲基硫菌灵•硫磺悬浮剂700倍液等。

三、板栗黑色实腐病

1. **病原** 为半知菌类葡萄座腔菌：*Botryosphaeria dothidea* (Moug.) Ces. et de Not.。主要危害果实和枝条。

2. **症状鉴别** 在果实成熟期发病，果皮变黑，果肉呈黑色腐败状。病果一般干腐，天气潮湿时产生软腐，有臭味。枯死树皮病斑处有黑色小瘤状突起。（图1-3）

3. **发病规律** 病菌以分生孢子器、子囊壳或菌丝体在病果、病枝、病叶等残体上越冬，靠雨水、气流和昆虫传播。该病主要发生在果实近成熟期，病菌从成熟果的顶端及底部侵入。病果果面呈黑色不规则斑纹，表面散生黑色小瘤状分生孢子器。病果一般干腐，果肉呈黑色腐败状，但天气潮湿时易被细菌等混合感染，产生软腐，有臭味。在染病后，枯死的树皮上产生与果实表面一样的黑色小瘤状分生孢子器。高龄树比幼龄树发病多；因密植及施肥不当引起枝干衰弱的园地发病重。

图1-3 板栗黑色实腐病初期（左）及后期（右）

4. **防治要点**

(1) 农业防治：合理密植，科学修剪，防止果园郁蔽，保持果园通风透光良好；增施有机肥，培养壮树，提高树体抗病能力；冬、春季清除枯枝落叶并深埋，消灭越冬菌源。

(2) 药剂防治：在果实近成熟期，提前喷洒1∶2∶300倍式波尔多液或45%晶体石硫合剂300倍液、50%多菌灵可湿性粉剂600倍液、50%甲基硫菌灵·硫磺悬浮剂800倍液等。

四、板栗炭疽病

1. **病原** 为子囊菌门围小丛壳菌：*Glomerella cingulata* (Stonem.) Spauld. et Schrenk。主要危害果、芽、枝、叶，以果实受害最重。全国栗产区均有发生。

2. **症状鉴别** 果实染病：栗苞上产生褐色至黑褐色病斑，栗果从顶端变黑，栗仁外表出现近圆形黑色病斑，内部呈浅褐色干腐。后期病斑上散生黑色小粒点（即病菌分生孢子盘），潮湿时溢出橘红色黏性孢子团。南方产区因湿度大，病栗仁呈湿腐状，病果早落。（图1-4～图1-7）

3. **发病规律** 病菌以菌丝或分生孢子盘在枝干上、芽鳞中潜伏越冬，翌年条件适宜时产生分生孢子，借风雨传播到附近栗树幼苞上引起发病，病菌从花期、幼果期开始侵入幼苞，在果实生长后期显症，有的潜伏到贮藏期种仁才发病。菌丝在5℃时开始生长，导致种仁发病，而生长和孢子萌发的适温为15～30℃。

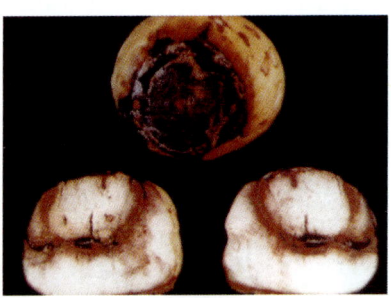

图1-4 板栗炭疽病果仁

  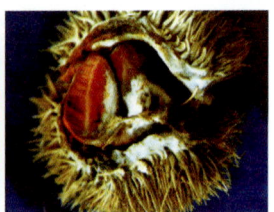

图1-5 板栗炭疽病栗蓬前期、中期及后期（从左到右）

图1-6　板栗炭疽病叶

图1-7　板栗炭疽病梢

4. 防治要点

（1）农业防治：新发展果园时，要选用抗炭疽病的品种；加强栗园土肥水管理保持栗树通风透光良好，增强树势，提高树体抗病能力。

（2）控制栗园害虫栗瘿蜂、桃蛀螟的发生，可减轻此病的发生。

（3）药剂防治：从6月上旬初侵染至8月上旬再侵染期间，及时喷洒24%苯腈唑悬浮剂2500倍液或25%炭特灵可湿性粉剂600倍液、40%石硫合剂500倍液、25%施保克水剂1000倍液等，10～15天喷洒1次，连喷3～4次。

五、板栗白粉病

1. 病原　为子囊菌亚门的粉孢霉菌[*Microsphaera alni* (Wallr.) Salmon]和卵孢霉菌[*Phyllactinia roboris* (Gachet) Blum.]。主要危害叶片及嫩梢。

2. 症状鉴别　叶片受害：先于叶面发生不规则的褪绿斑，而后在病斑表面产生白粉状物，此为病菌的分生孢子梗及分生孢子；秋季在白粉层上产生黑色颗粒状物，此为病菌的闭囊壳。嫩梢被害部亦产生白粉，严重时幼芽和嫩叶不能伸展，甚至枝梢枯死。（图1-8）

图1-8　板栗白粉病

3. 发病规律　病菌以闭囊壳在病叶或病梢上越冬，翌年4～5月间产生子囊孢子，侵染嫩叶及新梢，在病部产生白粉状的分生孢子，在生长季节里可多次侵染危害，

9~10月形成闭囊壳。苗木及幼树及湿度大、果园郁蔽严重者发病重，大树发病较少。

4. 防治要点

（1）农业防治：加强果园管理，多施有机肥，适量施氮肥，增施磷、钾肥，增强树势，提高树体抗病能力；冬、春季剔除病枝、病芽，清除果园枯枝落叶，减少菌源。

（2）药剂防治：春季开花前嫩芽刚破绽时，喷洒1波美度石硫合剂或15%粉锈宁可湿性粉剂1000倍液、62.25%仙生可湿性粉剂600倍液、40%多菌灵·硫磺悬浮剂500倍液等。开花10天后，结合防治其他病虫害，再喷药1次。

六、板栗枯叶病

1. 病原
为半知菌类槲树拟盘多毛孢菌：*Pestalotiopsis flaagellata* Earle。主要危害叶片。

2. 症状鉴别
叶片染病，叶脉间或叶缘、叶尖处产生圆形至不规则形病斑，黄褐色至灰褐色，边缘色深，外围具黄色晕圈，后期分生孢子盘成熟后病斑上出现黑色小粒点（即该菌的分生孢子盘）。（图1-9）

3. 发病规律
病菌在病部或病残体上越冬，翌年6～8月高温多雨季节进入发病盛期。高温、多雨的年份易发病，果园郁蔽严重、通风透光不良者发病重。

4. 防治要点

（1）农业防治：冬、春季彻底清除果园残枝落叶，以减少初侵染源。

（2）药剂防治：发病初期喷洒1∶1∶200倍式波尔多液或25%苯菌灵·环己锌乳油800倍液，27%铜高尚悬浮剂或12%绿乳铜乳油600倍液，65%代森锌可湿性粉剂500～700倍液或40%百·福悬浮剂500～600倍液、50%多菌灵可

图1-9　板栗枯叶病前期（左）及后期（右）

湿性粉剂600倍液等。

七、板栗叶枯病

1. 病原　为半知菌类栗生垫壳菌：*Coniella castaneicola* (Ell.& Ev.) Sutton。主要危害叶片。

2. 症状鉴别　染病后由叶尖开始大面积枯死，可达叶片的1/2。病斑浅褐色至灰褐色，边缘色深，分界明显，分生孢子器成熟后病部生出很多黑色小点（即病原菌分生孢子器）。（图1-10）

3. 发病规律　病菌以菌丝和分生孢子器在病株上或病落叶上越冬，翌春条件适宜时从菌丝上产生分生孢子，靠风雨传播，8～9月发病。土壤缺肥、树体生长弱、果园郁蔽重、湿度大者易发病。

4. 防治要点

（1）农业防治：加强果园管理，合理修剪，增施有机肥，适时浇水，及时防治病虫害，增强树势，提高树体抗病能力；冬、春季彻底清除园地落叶，减少越冬菌源。

（2）药剂防治：发病初期及时喷洒40%百菌清悬浮剂500倍液或40%福·多可湿性粉剂600倍液、1∶1∶100倍式波尔多液、5%菌毒清水剂300倍液、64%杀毒矾可湿性粉剂600倍液、50%可灭丹（苯菌灵）可湿性粉剂800倍液，隔10天左右喷洒1次，连续防治2～3次。

八、板栗锈病

1. 病原　为担子菌门栗膨痂锈菌：*Pucciniastrum castaneae* Diet.。主要危害叶片。

2. 症状鉴别　叶背出现黄色至黄褐色的疱状锈斑，表皮破裂后散出黄褐色粉状物（此为病原菌的夏孢子），后期产生蜡质褐色斑。秋季发病明显，对苗木影响大。（图1-11）

图1-10　板栗叶枯病前期（左）及后期（右）

图 1-11 板栗锈病

3. 发病规律 病菌以多年生瘤中的菌丝越冬,以松柏科植物为转主寄主,多于 4～5 月产生锈孢子传染栗树,孢子萌发最适温度为 17～20℃,侵染栗树幼叶、嫩枝、幼果。锈孢子经气流和风传送到栗树及转主寄主松柏类植物的嫩枝叶上萌发侵入。可以重复侵染栗树。3～4 月气温回升慢、气温偏低,或秋季降水次数和降雨量多,加之风向和风速适宜,则容易引起该病发生和流行。

4. 防治要点

(1) 农业防治:园内及四周尽量避免用松柏、龙柏营造防风林,或避免在有松柏类林木的地方发展栗树。园周围若有松柏,要在春雨前剪除松柏上病瘿,用 2～3 波美度石硫合剂或 1:2:150 倍式波尔多液喷射松柏,减少初侵染源。

(2) 药剂防治:在发病初期喷洒 50％硫悬浮剂 400 倍液或 15％三唑酮可湿性粉剂 1000 倍液、20％三唑酮·硫悬浮剂 1000～1500 倍液、10％世高水分散颗粒剂 2500 倍液、40％多·硫悬浮剂 800 倍液;0.3～0.5 波美度石硫合剂或 45％晶体石硫合剂 300 倍液、12.5％速保利可湿性粉剂 4000～5000 倍液、1:2:200 倍式波尔多液等,隔 15 天左右喷洒 1 次,连喷 2～3 次。但在栗树盛花期不要用波尔多液,以免产生药害。

九、板栗赤斑病

1. 病原 为半知菌类的叶茎点霉菌:*Phyllosticta castaneae* En. et Ev.。主要危害叶片。

2. 症状鉴别 发病初期,在叶缘、叶脉处形成近圆形或不规则形橘红色病斑,病斑边缘褐色,中央散生黑色小粒。随着病斑的扩大,叶面病斑相连,状似"半叶枯",引起提前大量落叶和落果。(图 1-12)

图 1-12 板栗赤斑病

3. 发病规律　病菌以分生孢子在病残落叶上越冬，翌春板栗叶片展开时分生孢子随风、雨、昆虫传播到新叶上，从伤口、气孔处侵入叶内，扩展蔓延，6～7月病株出现大量落叶、落果。

4. 防治要点

（1）农业防治：冬、春季彻底清除园内枯枝落叶，集中深埋或烧毁，消灭越冬菌源；合理修剪，加强肥水等综合管理，提高树体抗病能力。

（2）药剂防治：春季果树展叶期，叶面喷洒1∶1∶200倍式波尔多液或3～5波美度石硫合剂预防。发病初期，叶面喷洒70%甲基硫菌灵可湿性粉剂或25%多菌灵可湿性粉剂800倍液、50%百菌清可湿性粉剂1000倍液、80%代森锰锌可湿性粉剂600～800倍液等。

十、板栗芽枯病

1. 病原　为丁香假单胞杆菌栗溃疡病致病型细菌变种：*Pseudomonas syringae pv. castaneae* (Kaw.)。此病又名板栗溃疡病，主要危害芽和叶。

2. 症状鉴别　初春刚萌发的芽受侵染后呈水渍状，变褐枯死。新梢长出的幼叶受侵染后产生水渍状暗绿色病斑，后变褐色，周围有黄绿色的晕圈。病斑可扩大延伸到叶柄，最后叶变褐并向内卷缩。新梢基部患病，花穗枯死脱落。（图1-13，图1-14）

图 1-13　板栗芽枯病芽

图 1-14　板栗芽枯病叶

3. 发病规律　病菌主要在染病组织内越冬，翌年病部溢出菌脓，借风、雨、昆虫和枝叶接触传播。大风、暴雨易引起流行。

4. 防治要点

（1）农业防治：加强栗园管理，及时剪除病梢并集中烧毁。多风地区，果园周围需设置防护林。

(2) 药剂防治：在栗树发芽长叶时及时喷药保护，可叶面喷洒1∶1∶150倍式波尔多液，或72%链霉素可溶性粉剂3000倍液加1%酒精；10%多抗霉素可湿性粉剂1000～1500倍液、50%福美双可湿性粉剂500～700倍液等。

十一、板栗枝枯病

1. 病原 为半知菌类黑盘孢菌：*Melanconium* sp.。主要危害干、枝及枝梢。

2. 症状鉴别 枝梢染病，向下蔓延至大枝，病部皮层变成褐色至淡红褐色，最后变为灰褐色，腐烂，病枝干枯。枯枝上形成很多黑色小粒点，湿度大时小黑点处涌出大量分生孢子，形成直径1～3毫米的分生孢子团，呈黑色馒头状，十分明显。染病枝条上的叶片逐渐变黄脱落，甚至造成大量枝条枯死，严重时整枝枯死。（图1-15，图1-16）

3. 发病规律 病菌以菌丝、分生孢子盘在栗树枝干的病部越冬，翌春条件适宜时产生大量分生孢子，借风雨或昆虫传播，经机械损伤、嫁接、修剪等伤口或虫伤口侵入，经数天潜育引起发病。一般健壮的栗树发病很少，生长衰弱的枝条易发病；管理粗放、春旱严重或受冻的栗树发病重。

图1-15 板栗枝枯病枝

图1-16 板栗枝枯病部孢子团

4. 防治要点

(1) 农业防治：加强栗园管理，增施有机肥，合理修剪，适时灌水，及时防治病虫害，增强树势，提高抗病能力；注意防止栗树受冻，尽量减少虫伤和机械伤，以减少病菌侵染机会；发现病枝及时剪除并烧毁，减少菌源。

(2) 刮病（斑）疗伤：对于粗枝干染病病斑，彻底刮净病部的皮层，再用1%硫酸铜或25%抑腐灵100倍液消毒。病部涂1∶1∶150倍式波尔多液，保护伤口。

（3）药剂防治：发芽前，树上喷洒50%多菌灵可湿性粉剂1000倍液或70%甲基托布津可湿性粉剂800倍液、45%腐绝悬浮剂500倍液、25%腈菌唑乳油2 500倍液等。

十二、板栗疫病

1. **病原** 为子囊菌门寄生隐丛赤壳菌：*Cryphonectria parasitica* (Murr.) Barr.＝*Endothia parasitica* (Murr.) P.J.et H.W. Anderson。主要危害干和枝。

2. **症状鉴别** 幼树病枝上初生圆形或不规则形、红褐色至紫褐色、隆起的水肿状病斑，内部组织腐烂并有酒糟味，后病部凹陷、干缩、纵裂，上生疣状、橘黄色至褐色小粒点（即病菌子座）。粗糙老树皮上病斑不明显，不易识别，剥开树皮可见白色至褐色扇形菌丝体。当有低毒菌系存在或栗树健壮、抗性较强时，只形成肿胀的表层溃疡。被害栗树夏、秋季萎蔫，叶量小，枯枝多，严重时整树死亡。（图1-17～图1-19）

3. **发病规律** 病菌以菌丝体、分生孢子器和子囊壳在病部越冬，翌年孢子借风、雨、昆虫及鸟类，传播，远距离传播主要靠带病苗木，从各种伤口侵入（尤以嫁接口和新伤口发病多）。新病斑3～10月陆续出现，老病斑继续扩展，6～8月扩展快，9～10月逐渐停止。品种抗性有明显差异，日本栗高抗病，中国栗较抗病，而北美栗则高度感病。

图1-17 板栗疫病干

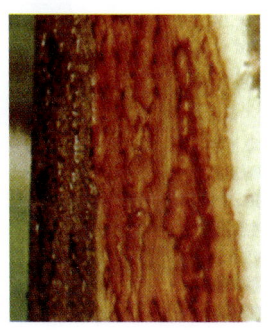

图1-18 板栗疫病皮剖面

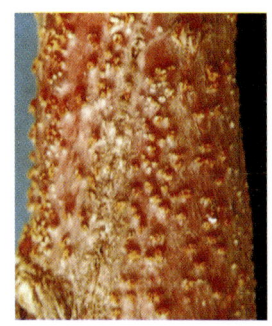

图1-19 板栗疫病病部孢子

4. 防治要点

(1) 农业防治：选栽优质、高产的抗病品种；实行苗木检疫，防止病害的传入、传出；加强果园管理，合理修剪，增施有机肥，适时灌水，增强树势，提高树体抗病能力。

(2) 伤口保护：防止冻害、日灼、虫伤等各种伤口的出现。嫁接口和刮除病组织后的伤口涂抗菌剂"402"、波尔多液等保护。

(3) 生物防治：利用低毒菌系抑制病害的发生。

(4) 药剂防治：发病重的地区，于发病初期喷洒25%瑞毒霉可湿性粉剂300倍液或50%腐霉利可湿性粉剂1500倍液、10%菌疫清可湿性粉剂600倍液、10%绿帝可湿性粉剂1000倍液等。

十三、板栗干枯病

1. **病原** 为子囊菌门寄生内座壳菌：*Endothia parasitica* (Murr.) And. et And.。此病又名胴枯病、腐烂病，主要危害主干和主枝，少数枝梢上发生枝枯。

2. **症状鉴别** 初发病时，树皮上出现红褐色病斑，组织松软，稍隆起，有时自病部流出黄褐色汁液，病皮下组织呈红褐色水渍状腐烂，有酒糟味。发病中后期，病部失水，干缩凹陷，并在树皮下产生黑色瘤状小粒点（即病菌的子座）。最后病皮干缩开裂，并在病斑周围产生愈伤组织。（图1-20，图1-21）

图 1-20　板栗干枯病死干

图 1-21　板栗干枯病枝

3. **发病规律** 病菌以菌丝体及分生孢子器在病枝中越冬，翌年春季温度回升后开始活动，主要借风、雨传播，远距离传播主要通过苗木，病菌从伤口或皮孔等处直接侵入。黄淮地区3～4月病斑扩展最快,常在短期内造成枝干枯死;4~5月随着叶片展开,树体营养积累增加,愈伤力增强,抗病能力也增强,病斑逐渐停止扩展;5月以后病斑上形成子座,并出现孢子角。病菌在5~35℃条件下均能生长,10~25℃生长良好。

4. 防治要点

(1) 农业防治:选用无病苗木及抗病枝干,合理密植;加强果园管理,改良土壤,增施肥料,促进树体正常生长,增加树势,提高抗病能力;冬、春季清除病死的枝条,消灭越冬菌源。

(2) 加强树体保护:近地面主干发病较多且冻害发生较重地区的栗园,于晚秋树干涂白并进行树基培土,可减轻发病。高接换头时,需在接口处涂含有福美双等杀菌剂的药泥,外包塑料薄膜保护;农事操作要尽量避免在树体上造成伤口,防止病菌通过伤口侵入。

(3) 药剂防治:用快刀将病变组织及带菌组织彻底刮除,刮后即时涂药并妥善保护伤口。可涂抹10波美度石硫合剂、40%退菌特可湿性粉剂或40%福美双可湿性粉剂50倍液、2.2%腐植酸•硫酸铜100倍液,加入70%甲基托布津可湿性粉剂1份,豆油或其他植物油3~5份效果也很好。

十四、板栗膏药病

1. 病原
为担子菌门的隔担子菌:*Septobasidium* sp.。此病又名烂脚叶癣病,主要危害干枝。

2. 症状鉴别
多发生于板栗主干中上部和2年生以上的枝条上,发病部位多在主干或枝干分枝处下方和背阳的叶痕处,环绕枝干表面形成圆形、椭圆形或不规则形灰白色、褐色或紫色的膏药状块斑(即病原菌形成的菌丝膜),病斑部位凹陷,致使树势衰弱,重者致枝干枯死。(图1-22)

图1-22 板栗膏药病干

3. 发病规律
病菌以菌丝膜在病患处越冬,通过风、雨、昆虫传播。旬平均气温13~28℃,相对湿度78%~88%时,适宜病原菌生长和传播;夏季高温干旱,不利于病菌生长;冬季低温干燥,病菌生长几乎停止。病原菌常与介壳虫共生，病菌以介壳虫的分泌物为养料，介壳虫则借菌膜覆盖得到保护，因此枣龟蜡蚧、康氏粉蚧等介壳虫危害重的栗园发病重；树体衰弱、土壤黏重、排水不良或林内阴湿、通风透光不良等易发病；不同的板栗树品种抗病性不同。

4. 防治要点

（1）农业防治：栽植抗病丰产的优良品种，合理密植；加强果园综合管理，增施有机肥，合理灌排水，防止田间渍害，科学修剪，增强树势，提高树体抗病能力。

（2）及时防治介壳虫：使用松脂合剂，每500克原液冬季加水4～5升、春季加水5～6升、夏季加水6～12升，喷洒枝干；或以其他高效低毒低残留药剂防治介壳虫成、若虫。

（3）药剂防治：冬、春季剪除病枝；若不适合剪枝，及时彻底刮除病菌的子实体和菌膜，刮后病患处涂抹1∶1∶100倍波尔多液或20%石灰乳、3～5波美度石硫合剂、甲基托布津与柴油（5∶1）的混合剂。刮掉的菌膜携出园外集中烧毁。

十五、栗树木腐病

1. 病原

为担子菌门的裂褶菌：*Schizophyllum commune* Fr.。危害干枝。

2. 症状鉴别

病害多发生在衰老的大树树干或大枝上，病菌寄生后导致受害处腐朽脱落，木质部由外向内、自上而下腐朽。病菌可向四周健康部位扩展，形成大型长条状溃疡。死亡的树皮及木质部上散生或群生病菌子实体（又叫担子果），呈覆瓦状排列。子实体大小不等，有卵形、纺锤形等，边缘向内卷，菌盖厚6～42毫米，上具绒毛或粗毛，初夏子实体为灰褐色，质软，水分多，表面光滑；秋天子实体干后，表面呈灰白色，内部褐色，有裂纹，较坚硬。（图1-23）

图1-23 栗树木腐病

3. 发病规律

菌褶在干燥条件下可长期存活，遇有合适温度、湿度，表面绒毛迅速吸水，恢复生长能力，能在数小时内释放孢子进行传播。病原菌多从伤口侵入。子实体于春夏高温多雨季节、旬均气温25～32℃时发生重，8月上旬停止增大。老龄、树势衰弱、主枝折断、皮部伤口多、管理粗放、病虫害发生严重的栗园发病重。林间湿度大有利于子实体的产生和孢子的传播。

4. 防治要点

（1）农业防治：加强管理，科学修剪，增施有机肥，合理配方施用氮、磷、钾肥，增强树势，提高抗病能力；保护树体，减少伤口，是有效预防本病的重要措施。

（2）药剂防治：发现木腐病子实体应彻底清除，并刮干净感病的木质部；伤口用1%硫酸铜液或25%多菌灵可湿性粉剂500倍液、50%甲基托布津可湿性粉剂400倍液、80%代森锌可湿性粉剂600倍液、30%王铜悬浮剂300倍液等涂抹，以杀菌消毒；再涂波尔多液或煤焦油等保护，以利伤口愈合，减少病菌侵染。清除的木腐病子实体要携出园外，集中烧毁。

（3）合理修剪：更新主枝或树冠时，削平伤口后，用上述杀菌剂涂之杀菌，涂白漆以防雨水自伤口入侵并带入病菌。

（4）积极防治其他病虫害。

十六、板栗缺硼症

1. 病因
因土壤瘠薄缺硼，或使用钾、氮肥过多而使土壤中硼元素不易被植物吸收或树体营养失衡造成的硼元素缺乏所致。

2. 症状鉴别
树体缺硼时，嫩枝反应较敏感，先从顶端萎缩，而后干枯死亡；幼叶变厚，皱缩，质脆易破裂；空苞多，坚果个小、色浅、迟熟，总苞不易开裂；根系不发达，须根少。缺硼严重时，植株生长受阻矮化。（图1-24）

图1-24　板栗缺硼症病叶（左为嫩叶，右为老叶）

3. 防治要点

（1）加强果园综合管理，增施有机肥，改良土壤，促进树体旺盛生长，提高树体对各种养分的均衡吸收能力。

（2）撒"保得"土壤生物菌接种剂，改善土壤结构，提高土壤透气性能，释放被固定的肥料元素，增加土壤中速效养分的含量。

（3）早春板栗发芽前施用硼肥，可结合施基肥单施，也可一起施入。施肥后浇水。一般3年生以下的板栗树每株施硼砂50～150克左右，3年生以上的板栗树每株施硼砂150～300克。缺硼严重的土壤可适当多施，但勿过量。

（4）雨季土壤施硼：对灌溉困难的山区栗园，可在雨季结合追肥将硼砂一起施入根部土壤中，也可采取穴施或环状开沟施。

（5）叶面施硼肥：栗树始花期、盛花期、谢花后各喷施1次0.5%红糖+0.2%硼砂+1000倍果树专用型"天达2116"液，效果更好。

4. 注意事项

施用硼砂时，一定要用开水溶化后兑制，均匀喷洒，避免局部硼浓度过大而引起中毒；硼在栗树体内运转力差，应以多次喷雾为好，至少保证2次，才能真正起到保花保果的作用。

十七、板栗缺锰症

1. 病因

因土壤缺锰元素或营养供应失衡，导致植株表现缺锰症状。

2. 症状鉴别

板栗缺锰时，中部叶先出现症状，向上、下两个方向发展，叶脉之间呈现浅绿色，出现畸形叶，叶脉弯曲，严重时全叶发黄，提早落叶；花芽分化不良，易落花落果；根系生长不良，根、茎生长点枯萎，植株生长受阻矮化。（图1-25）

图1-25　板栗缺锰症

3. 防治要点

（1）加强管理，科学修剪，增施有机肥，合理灌排水，保持树体旺盛生长，提高树体均衡吸收养分的能力。

（2）5～6月叶片生长旺盛期及花期，叶面喷洒0.25%～0.5%硼砂液或硼酸液，或0.3%硫酸锰液，5～7天喷洒1次，连喷2～3次。

十八、板栗缺镁症

1. 病因 土壤中镁元素不足或氮、磷、钾中的某种元素使用过多，抑制了根系对镁元素的吸收，导致树体中镁元素缺少，致使叶绿素含量减少，叶片褪绿，光合作用受到影响，栗树不能正常生长。酸性（pH值5.0以下）或沙质土壤中镁元素容易流失，易发生缺镁症。

2. 症状鉴别 缺镁时老叶先出现症状，从叶缘开始，叶脉之间褪绿，严重时全叶发黄仅叶脉绿色，并提早落叶，植株生长受阻，结果越多的树症状越严重。（图1-26）

图1-26 板栗缺镁症

3. 防治要点

（1）冬施基肥和生长季节追肥时增施硫酸镁或碳酸镁，每株施用0.8～1.0千克。

（2）撒施"保得"土壤生物菌接种剂，改善土壤结构，提高土壤透气性能，释放被固定的肥料元素，增加土壤中速效养分的含量。

（3）叶面喷施：6～7月可喷洒0.3%硫酸镁水溶液，15天喷洒1次，连续喷洒3～4次。

4. 注意事项 对pH值在6.0以下的酸性土壤，宜施碳酸镁；而在中性或碱性土壤中，宜施硫酸镁，以上两种镁肥混合在堆肥中作基肥施用为好。由于钾及钙对镁的拮抗作用非常明显，若两者有效混合浓度高时，应增加镁元素施用量。注意，镁肥不可与磷肥混用。

十九、桑寄生

1. 病原 为桑寄科植物桑寄生：*Taxillus chinensis*（DC.）Danser，是一种多年生常绿小灌。

2. 症状鉴别 果树被寄生的枝条或主干上丛生桑寄生植株的枝叶，非常明显。寄生处的枝条稍肿大或产生瘤状物，遇风易从此处折断。由于果树枝条的一部分养料和水分被桑寄生吸收，且桑寄生又分泌有毒物质，可造成果树生长不良，迟发芽，开花少，易落果，早落叶，重者全枝或全株枯死。（图1-27）

3. 发病规律 在我国南方果产区发生较多。桑寄生植株在果树枝干上越冬。秋季桑寄生产生大量浆果,飞鸟喜食,鸟粪中的种子或鸟嘴吐出的种子都能黏附在果树的枝条上。种子吸水萌发后,其胚根先端产生吸盘,从伤口、芽部、嫩枝树皮等处侵入;并伸出初生吸根,分泌消解酶,钻入寄主皮层及木质部;再产生许多次生吸根,以吸收寄主体内的养分。吸根上部的胚叶发展成茎叶,内含叶绿素,能进行光合作用。有时在寄生枝条的表面长出许多根出条,在根出条上又可形成新的丛枝。

4. 防治要点

(1)农业防治:冬、春季深翻园地,将桑寄生种子深埋于地下,阻止其萌发;发现桑寄生及早彻底清除;连年在桑寄生的果实成熟前彻底砍除病枝条,并除尽根出条和组织内部吸根延伸的部分。

(2)药剂防治:叶面喷洒80%碱式硫酸铜可湿性粉剂600～800倍液或27.12%、30%、35%碱式硫酸铜悬浮剂300～500倍液等,有一定效果。

图1-27 桑寄生

第二章

板栗害虫鉴别与无公害防治

一、栗实象甲

栗实象甲属鞘翅目,象甲科。学名:*Curculio davidi* Fairmaire,又名板栗象鼻虫、栗象,分布于全国各产区,危害栗、栎、榛、梨等果树的果、叶、芽。

1. 危害特点 幼虫在栗实内危害子叶,至果实内充满虫粪,失去发芽能力和食用价值;成虫食害嫩枝、嫩叶和幼果。(图2-1)

图 2-1 栗实象甲蛀果状

2. 形态鉴别 成虫:雌体长 7.2~9 毫米,雄体长 6.9~8 毫米,体黑褐色,被灰白鳞毛;触角11节;雌虫头管长9~12毫米,触角着生于头管近基部1/3处,雄虫头管长4.2~5.3毫米,触角着生于头管的1/2处;头部与前胸交接处有1块白色鳞斑,鞘翅上各有2条由白色鳞片组成的横带;足黑色,被白色鳞片。卵:椭圆形,长1.5毫米左右。幼虫:体长8~12毫米,微弯,头黄褐色,胴部乳白色多横皱。蛹:灰白色,长7~11毫米,头管伸向腹部下方。(图2-2,图2-3)

图 2-2 栗实象甲成虫及卵

图 2-3 栗实象甲幼虫

3. 发生特点 云南年发生1代，长江流域以北地区2年完成1代，以老熟幼虫在树冠下土内4～12厘米处作室越冬。翌年6～7月化蛹，7月下旬至8月下旬羽化后出土危害并产卵。成虫白天活动，具假死性。成虫产卵时在果皮上咬一小洞，产卵于洞内，一洞一粒。9月为产卵盛期，卵期12～18天。幼虫期30天左右。果实早期被害往往脱落，后期被害不脱落。幼虫老熟后蛀一圆孔脱出。2年完成1代者，幼虫第3年化蛹羽化出土。一般苞刺密而长、质地坚硬、苞壳厚的品种较抗虫；纯栗林被害较轻，栗和栎类混栽林受害重。

4. 防治要点

（1）农业防治：选栽大型、苞刺密而长且苞壳厚、质地硬的抗虫品种；不在栗园内或附近栽植栎类植物；秋末冬初深翻园地至15厘米以下，利用冻害和鸟食消灭越冬幼虫。

（2）果实处理：栗实脱粒后用50～55℃温水浸种10分钟，或将栗果集中于密闭熏蒸室内用溴甲烷（每立方米用2.5～3.5克）熏蒸24～48小时，均可将果内幼虫全部杀死。

（3）毒杀脱果幼虫：果实成熟后，于幼虫脱果前及时采收，选用坚硬的土场或水泥地作为堆果场，在场周围撒2.5%辛硫磷颗粒剂或喷洒90%晶体敌百虫800倍液、2%罗速发乳油1000倍液等，毒杀脱果幼虫。

（4）防治成虫：成虫出土前药剂处理土壤，撒施辛硫磷颗粒剂或敌百虫粉剂等；成虫出土后产卵前，于树上喷洒90%晶体敌百虫1 000倍液或10%氯菊酯乳油1000～1500倍液、10%杀螟菊酯乳油800～1000倍液，连续喷药2～3次；郁蔽栗园于成虫发生期使用熏蒸剂熏杀成虫。

二、栗皮夜蛾

栗皮夜蛾属鳞翅目，夜蛾科。学名：*Characoma ruficirra* Hampson，又名栗洽夜蛾，分布于山东、河南及周边栗产区，危害栗、橡树的果、花和嫩枝。

1. 危害特点 幼虫蛀食栗蓬和栗实，致脱落，并可啃食嫩枝皮、雄花序、穗轴及叶柄，偶有蛀入嫩枝和叶柄内危害者。（图2-4）

2. 形态鉴别 成虫：体长10～18毫米，体浅灰黑色；触角丝状，复眼黑色；前胸背、侧面及胸部背面鳞片隆起；前翅亚外缘线与中横线间灰白色，近前缘处具1个半圆形黑色大斑，近后缘处具黑色眼状斑，斑上生1条眉状弯曲短线，内横线为平行双黑线；后翅浅

图 2-4 栗皮夜蛾幼虫危害状

图 2-5 栗皮夜蛾成虫

灰色。卵：半圆形，长 0.6～0.8 毫米，卵顶有 1 个圆形突起，周围有放射状隆起线，乳白色至灰白色。幼虫：体长 13 毫米，褐色至绿褐色，前胸盾和臀板深褐色，中、后胸背面具毛片 6 个，横向排列成直线；腹部第一至七节背面有毛片 4 个，排成梯形。蛹：长 10 毫米左右，深褐色。茧：黄褐色。（图 2-5～图 2-7）

图 2-6 栗皮夜蛾幼虫

3. 发生特点 年发生 2～3 代，以幼虫在栗蓬总苞内越冬。一、二代主要危害板栗，二代产卵于橡树上。翌年 6 月上、中旬为第一代卵盛期，卵期 3～6 天。幼虫 6 月上、中旬孵化，6 月下旬至 7 月上旬作茧化蛹。6 月底至 7 月中、下旬为第二代卵盛期，卵期 2～3 天。二代幼虫 7 月初至 8 月上旬蛀蓬危害，7 月下旬至 8 月中、下旬作茧化蛹。二代成虫 8 月上旬至 9 月中

图 2-7 栗皮夜蛾蛹

旬发生。局部地区可发生第三代。成虫昼伏夜出。第一代卵产在新梢嫩叶上和幼蓬上，此代幼虫主要危害幼蓬和雄花穗；第二代卵多产在蓬刺端部，幼虫孵化后蛀入栗实危害；第三代卵均产于橡树秋梢叶片上，幼虫只危害橡树。

4. 防治要点 防治该虫的关键是药剂杀灭卵和初孵幼虫。一、二代卵孵化盛期各喷洒一次40%辛硫磷乳油或90%晶体敌百虫、50%杀螟松乳油1000倍液，80%敌敌畏乳油或48%乐斯本乳油、20%杀虫菊酯乳油、10%多来宝乳油1500倍液等。

三、栗实蛾

栗实蛾属鳞翅目，卷蛾科。学名：*Laspeyresia splendana* Hübner，又名栗子小卷蛾、胡桃实小蠹蛾、栎实小蠹蛾，分布于东北、华北、西北栗产区，危害栗、核桃、栎、榛等果树的果实。

1. 危害特点 幼虫取食栗蓬，稍大蛀入果内危害，有的咬断果梗，致栗蓬早期脱落。

2. 形态鉴别 成虫：体长7~8毫米，体银灰色；前翅灰黑色，前翅前缘有向外斜伸的白色短纹，后缘中部有4条斜向顶角的波状白纹；后翅黄褐色，外缘灰色。卵：扁圆球形，长1毫米，白色。幼虫：体长8~13毫米，圆筒形，头黄褐色，前胸盾及臀板淡褐色，胴部暗褐色至暗绿色，各节毛瘤色深，上生细毛。蛹：体圆，稍扁，黄褐色，长7~8毫米。（图2-8，图2-9）

图2-8 栗实蛾成虫

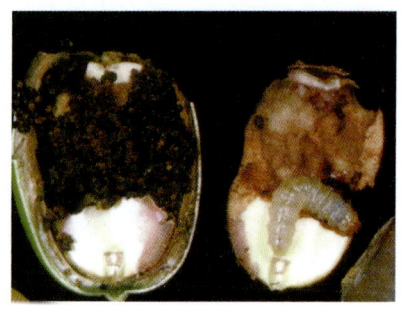

图2-9 栗实蛾幼虫及危害状

3. 发生特点 辽宁、陕西地区年发生1代，以老熟幼虫结茧在落叶或杂草中越冬。东北地区翌年6月化蛹，蛹期13~16天，7月中旬进入羽化盛期。成虫昼伏夜出，寿命7~14天，产卵于栗蓬刺上和果梗基部。初孵幼虫先蛀食蓬壁，而后蛀入栗实危害，从蛀孔处排出灰白色短圆柱状虫粪，堆积在蛀孔处，一果里常有 1～2 头幼虫。幼虫期 45～60 天，老熟后咬破种皮脱出，落地后结茧化蛹。天敌有赤眼蜂等。

4. 防治要点

（1）农业防治：冬、春季彻底清除栗园枯枝落叶和杂草，集中烧毁或深埋，消灭越冬幼虫。

（2）生物防治：卵发生期，每 667 平方米释放赤眼蜂 30 万头，防效较好。

（3）药剂防治：防治关键期是幼虫孵化至蛀果前，喷药重点是栗蓬。可喷洒 10% 天王星乳油 3000～4000 倍液或 20% 速灭杀丁乳油 2000 倍液，50% 杀螟松乳油或 40% 辛硫磷乳油、50% 敌敌畏乳油、90% 晶体敌百虫 1000～1200 倍液，30% 杀虫双水剂 800 倍液，20% 菊·马乳油 2000 倍液等。

四、三纹象甲

三纹象甲属鞘翅目，象甲科。学名：*Curculio dentipes* Roelofs，又名柞栎象甲，分布于全国各栗产区，危害板栗、柞栎、麻栎等树的果实。

1. 危害特点

幼虫在栗苞果内食害，致使种皮内充满褐色粉末状粪屑，受害果腐败并有恶臭，果实失去食用价值。

2. 形态鉴别

成虫：体长 5.5 毫米，体黑色；鞘翅锈赤色；前胸背板有 3 条纵隆起，隆起处毛色浅，形成 3 条花纹。卵：长圆形，乳白色，大小为 0.93 毫米 × 0.69 毫米。幼虫：老熟幼虫体长 9.9 毫米，在种实内为乳白色，入土越冬后变为乳黄色。（图 2-10，图 2-11）

图 2-10　三纹象甲成虫

图 2-11　三纹象甲幼虫及危害状

3. 发生特点 年发生1代，以老熟幼虫在地下越冬。翌年6月上、中旬开始化蛹，8月中、下旬为成虫盛发期，幼虫危害盛期在9月上、中旬。9月下旬后，幼虫从果内、栗蓬中脱果，就近入土越冬。

4. 防治要点

（1）选用抗虫品种：选栽栗苞大、苞刺密而长、质地坚硬、苞壳厚的抗虫品种。

（2）农业防治：栗果成熟后及时采收，彻底拾净栗蓬，减少幼虫在栗园中脱果入土越冬的数量；脱粒、晒果场地要选用水泥地面或坚硬场地，防止脱果幼虫入土越冬；冬、春季耕翻栗园，破坏土室，杀死幼虫；清除栗园内外的栎杂树，减少栗象的寄主，控制其发生量。

（3）热水浸种：栗果脱粒后用50～55℃热水浸泡10～15分钟，杀虫效率可达90%以上。

（4）栗果熏蒸：在密闭条件下用溴甲烷或二硫化碳等熏蒸剂熏蒸。溴甲烷用量2.5～3.5%兑/立方米，熏蒸处理24～48小时，二硫化碳用量30毫升/立方米，处理20小时，灭虫率均可达100%。

（5）毒杀脱果幼虫：选择地面坚实或水泥地作为脱粒、晒果及堆果的场地，事先在场地周围堆一圈喷有50%辛硫磷乳油500～600倍液或拌和5%辛硫磷颗粒剂的疏松土壤，毒杀脱果入土的幼虫，减轻翌年的危害。

（6）药剂防治：①在成虫即将出土前，地面撒施5%辛硫磷颗粒剂，每667平方米用10千克，或喷洒50%辛硫磷乳油1000倍液，施药后及时浅锄，将药剂混入土中，毒杀出土成虫；②成虫盛发期产卵前，树冠喷洒50%杀螟硫磷乳油或50%辛硫磷乳油、90%晶体敌百虫1000～1200倍液，25%速杀灵乳油或80%敌敌畏乳油1500倍液，2.5%溴氰菊酯乳油、20%杀灭菊酯乳油3000倍液等，10天左右喷洒1次，连喷2～3次，可杀死大量成虫，防止产卵危害。

五、桃蛀螟

桃蛀螟属鳞翅目，螟蛾科。学名：*Dichocrocis punctiferalis* Guenee，又名桃蛀野螟、桃斑螟、桃实螟、桃果蠹、桃蠹螟、桃蠹心虫、桃蛀心虫、桃实虫、桃野螟蛾、桃斑纹野螟蛾、果斑螟蛾、豹纹蛾、豹纹斑螟，分布全国各产区，危害板栗、桃、柿、杏、石榴、山楂等果树果实。

1. 危害特点 幼虫从果与果、果与叶、果与枝的接触处钻入果实危害。果实内充满虫粪，致果实腐烂，并造成落果或干果挂在树上。（图2-12）

第二章　板栗害虫鉴别与无公害防治

图 2-12　桃蛀螟幼虫危害状

图 2-13　桃蛀螟成虫

2. 形态鉴别　成虫：体长 10～12 毫米，翅展 24～26 毫米，全体金黄色；胸、腹部及翅上都具有黑色斑点；触角丝状；雌蛾腹部末节呈圆锥形，雄蛾腹部末端有黑色毛丛。卵：椭圆形，长 0.6～0.7 毫米，乳白色至红褐色。幼虫：体长 22～25 毫米；头部暗黑色，胸部暗红色、淡灰色或浅灰蓝色，腹面淡绿色，前胸背板深褐色；中、后胸及一至八腹节各有排成 2 列的大小毛片 8 个，前列 6 个后列 2 个。蛹：褐色或淡褐色，长约 13 毫米。（图 2-13，图 2-14）

3. 发生特点　黄淮地区年发生 4 代，以老熟幼虫或蛹在僵果中、树皮裂缝、堆果场及残枝败叶中越冬。4 月上旬越冬幼虫化蛹，下旬羽化产卵；5 月中旬发生第一代；7 月上旬发生第二代；8 月上旬发生第三代；9 月上旬发生第四代，尔后以老熟幼虫或蛹越冬。成虫昼

图 2-14　桃蛀螟幼虫

伏夜出，对黑光灯趋性强，对糖醋液也有趋性。卵散产于两果相并处和枝叶遮盖的果面或梗洼上，卵期 7 天左右。幼虫世代重叠严重，尤以第一、二代重叠常见，以第二代危害重。

4. 防治要点

（1）农业防治：冬、春季节彻底清理树上、树下干僵果及园内枯枝、落叶，并刮除翘裂的树皮，清除果园周围的玉米、高粱、向日葵、蓖麻等遗株深埋或烧毁，消灭越冬幼虫及蛹。

（2）诱杀成虫：在果园内点黑光灯或放置糖醋液诱杀成虫。

（3）种植诱集作物诱杀：根据桃蛀螟对玉米、高粱、向日葵趋性强的特性，在果园内或四周种植诱集作物，集中诱杀。一般每667平方米种植玉米、高粱或向日葵20～30株。

（4）药剂防治：掌握在桃蛀螟第一、二代成虫产卵高峰期的6月20日至7月30日间喷药，施药3～5次，叶面喷洒90%晶体敌百虫800～1000倍液或20%杀灭菊酯乳油1500～2000倍液、2.5%溴氰菊酯乳油2000～3000倍液、50%辛硫磷乳油1000倍液等。

六、柳蝙蛾

柳蝙蛾属鳞翅目，蝙蝠蛾科。学名：*Phassus excrescens* Butler，又名蝙蝠蛾、东方蝙蝠蛾，分布于东北、江淮及南方栗产区，危害栗、葡萄、樱桃、梨、核桃、苹果、山楂、杏、枇杷等果树的枝、干。

1. 危害特点 幼虫危害枝条，把木质部表层蛀成环形凹陷坑道，致受害枝条长势衰弱，甚至枯死，易遭风折断。

2. 形态鉴别 成虫：体长32～36毫米，翅展61～72毫米；体色变化较大，刚羽化时绿褐色，渐变成粉褐色，后变成茶褐色；前翅前缘有7个半环形斑纹，翅中央有1个深褐色微暗绿的三角形大斑，外缘具有1条由并列的模糊的弧形斑组成的宽横带；后翅暗褐色；雄蛾后足腿节背侧密生橙黄色刷状毛。卵：球形，直径0.6～0.7毫米，黑色。幼虫：体长50～80毫米，头部褐色；体乳白色，圆筒形，布有黄褐色瘤状突起。蛹：圆筒形，黄褐色。（图2-15，图2-16）

图 2-15　柳蝙蛾成虫

图 2-16　柳蝙蛾幼虫

3. **发生特点** 辽宁地区年发生1代,少数地区发生2代,以卵在地面或以幼虫在枝干髓部越冬。翌年5月开始孵化,6月中旬在花木或杂草茎中危害,6~7月转移到附近木本寄主上蛀食枝干,8月上旬开始化蛹,8月下旬至9月成虫羽化。成虫昼伏夜出,卵产于地面上越冬,每雌可产卵2000~3000粒。2年完成1代者,幼虫翌年8月于被害处化蛹,9月成虫羽化。天敌有孢目白僵菌、柳蝙蛾小寄蝇等。

4. **防治要点**
(1)农业防治:冬、春季耕翻园地,将卵翻压至深层土壤,致幼虫不能正常孵化出土;及时清除园内杂草,集中深埋或烧毁;及时剪除被害虫枝。
(2)保护利用天敌。
(3)药剂防治:幼虫上树前,于树干上涂抹触杀性杀虫剂,如40%辛硫磷乳油600~800倍液、45%马拉硫磷乳油或48%毒死蜱乳油800~1000倍液、2.5%溴氰菊酯乳油或20%氰戊菊酯乳油1500~2000倍液等,毒杀上树幼虫;5月至6月上旬幼虫孵化及低龄幼虫在地面活动期,地面喷洒。上述药液2~3次,省工且效果好;幼虫钻入枝干后,可用80%敌敌畏乳油50倍液及上述药液50~100倍液注入虫孔,每孔10~20毫升,注意不要注入太多,以能杀死幼虫且药液可被树体吸收为好,注入过多容易造成烂干。

七、栗苞蚜

栗苞蚜属同翅目,蚜科。学名:*Moritziella castaneivora* Miyazaki,危害栗苞。

1. **危害特点** 成、若蚜先群集于栗苞外嫩枝刺基部吸汁危害,致使受害栗苞提前开裂,露出黄绿色幼果;之后,成、若蚜群集于栗苞内壁及幼果外危害,致果生长受阻,严重影响产量。

2. **形态鉴别** 成虫:无翅胎生雌成蚜体长1毫米左右,椭圆形,黄褐色至紫褐色,触角4节,体表有白粉和明显的瘤突,腹管退化。(图2-17)

图2-17 栗苞蚜

3. **发生特点** 年发生多代，以卵在树皮裂缝中越冬。翌年 3～4 月天气回暖、栗芽萌动时孵化，迁至嫩梢上的雌花苞危害。密植园、通风差的栗园发生重，晚熟品种比早熟品种发生多。

4. **防治要点**

（1）农业防治：冬、春季用硬刷子刮刷树皮缝隙，刷后用石灰水涂干，消灭越冬卵。

（2）药剂防治：在 4 月早期虫量不高时择机喷雾防治，重点喷嫩梢，药剂可用 50% 抗蚜威可湿性粉剂 2500～3000 倍液、25% 仲丁威乳油 1000～1500 倍液、40% 辛硫磷乳油或 80% 敌敌畏乳油、50% 毒死蜱乳油 1000～1500 倍液、10% 氯菊酯乳油 2000～2500 倍液、10% 醚菊酯乳油 1000～1200 倍液等。如果防治失时，可于 7～8 月虫量大时用上述药剂重点喷栗苞。

八、栗大蚜

栗大蚜属同翅目，大蚜科。学名：*Lachnus tropicalis* Van der Goot，又名栗大黑蚜、栗枝大蚜、黑大蚜，危害栗和栎类的芽、叶。

1. **危害特点** 成、若虫群集枝梢上、叶背面或栗蓬上吸食汁液，导致叶片失绿、皱缩。此外，其排泄物易引起煤污病的发生。

2. **形态鉴别** 成虫：有翅胎生雌蚜体长约 4 毫米，黑色，被细短毛，腹部色较浅，翅色暗，翅脉黑色，前翅中部斜向后角处具白斑 2 个，前缘近顶角处具白斑 1 个，腹管短小、凸起；无翅胎生雌蚜体长约 5 毫米，黑色，被细毛，头胸部窄小、略扁平，占体长的 1/3，腹部球形、肥大，腹管短小、凸起，足细长。卵：长椭圆形，长约 1.5 毫米，暗褐色至黑色。若虫：多为黄褐色，与无翅胎生雌蚜相似，但体较小，色淡，后渐变为深褐色至黑色；有翅若蚜具翅芽。（图 2-18，图 2-19）

3. **发生特点** 年发生多代，以卵在枝干阴面皮缝处或表面越冬，常数百粒单层排在一起。翌年 4 月孵化，群集在枝梢上繁殖危害；5 月产生有翅胎生雌蚜，迁飞扩散至嫩枝、叶、花及栗蓬上危害繁殖，常数百头群集吸食汁液；到 10 月中旬产生有性雌、雄蚜，产卵在树缝、伤疤等处，11 月上旬进入产卵盛期。

4. **防治要点**

（1）农业防治：冬、春季刮刷树干或以石灰水涂干消灭越冬卵。

（2）生物防治：提倡使用 EB-82 灭蚜菌或 Ec.t-107 杀蚜霉素 200 倍液，掌握在蚜虫高峰前选晴天均匀喷洒。

图 2-18 栗大蚜无翅雌蚜及卵

图 2-19 栗大蚜群集叶上越冬

(3) 药剂防治：早春发芽前喷洒 5% 柴油乳剂或黏土柴油乳剂杀卵。越冬卵孵化后及危害期，及时喷洒 50% 抗蚜威可湿性粉剂 1000～1500 倍液或 25% 西维因可湿性粉剂 800 倍液、1% 阿维菌素 3000～4000 倍液或 52.25% 农地乐乳油 2000 倍液、10% 氯氰菊酯乳油 3000 倍液、43% 辛•氰乳油 1500 倍液、2.5% 功夫乳油 3000 倍液等。

九、栗斑蚜

栗斑蚜属同翅目，斑蚜科。学名：*Castanocallis castanocallis* Zhang，又名栗斑翅蚜、栗角斑蚜，分布于全国各栗产区，危害板栗的芽、叶。

1. 危害特点 成、若虫刺吸芽、叶汁液。其分泌物落在叶片上似有一层胶的光亮，发生量大的栗园，可使树冠下表土变成油浸状；后期叶片上生有很厚的一层黑霉，为霉菌寄生，易引起霉污病的发生，影响光合作用。

2. 形态鉴别 成虫：有翅胎生雌蚜体长约 1.5 毫米，翅展 5～6 毫米，暗绿色至赤褐色，披白色绵状物，腹部扁平，背面中央和两侧有黑色纹，沿翅脉呈淡黑色带状斑纹（故名斑翅蚜），触角 1/3 处有暗色斑 3～4 个（故又名角斑蚜）；无翅胎生雌蚜体长 1.4～1.5 毫米，略呈长三角形，暗绿色至淡赤褐色，披白色粉状物，胸背中央及两侧有黑色及褐色斑点，触角淡黄色，触角端部 1/3 处有 3～4 个暗色斑。卵：椭圆形，长 0.4 毫米，黑绿色。若虫：体与无翅胎生雌蚜相似，体暗绿色并出现黑斑，头胸部棕褐色，触角及足黄白色，腹背有 4 簇白粉，具翅芽。（图 2-20）

图 2-20 栗斑蚜

3. 发生特点 年发生 10 余代,以卵在枝条和分杈处越冬。翌年春栗树发芽时孵化,群栖叶背危害并繁殖。雨季前产生有翅胎生雌蚜,进行迁飞扩散,行孤雌胎生繁殖,平均气温在 24℃时 12 天可完成 1 代。平均气温降至 16℃时 (10月中旬后) 产生有性蚜,雌雄交尾,产卵于枝梢上及分杈处,以卵越冬。干旱年份发生较重,秋季发生量最大。

4. 防治要点

(1) 农业防治:利用蚜虫趋黄色习性,在果园内设置黄油板,粘杀蚜虫;冬季用硬刷子刮刷树皮,而后于枝干上喷洒 99% 绿颖乳油 200 倍液,杀灭在树上越冬的螨类、介壳虫及蚜虫卵等。

(2) 药剂防治:在树干距地面 1 米左右处刮去粗皮,露出黄白色皮层,形成约 30 厘米宽的环状带,涂 40% 辛硫磷乳油或 90% 晶体敌百虫、50% 抗蚜威可湿性粉剂 100 倍液,7 天涂 1 次,包以塑料薄膜保护;叶面喷洒 50% 抗蚜威可湿性粉剂或 20% 吡虫啉可湿性粉剂 2000~3000 倍液,20% 敌敌畏乳油或 40% 辛硫磷乳油、5% 氟啶脲乳油 1000 倍液等。

十、栗瘿蜂

栗瘿蜂属膜翅目,瘿蜂科。学名:*Dryocosmus kuriphilus* Yasumatsu,又名栗瘤蜂,分布于全国各栗产区,危害栗树的芽、叶。

1. 危害特点 幼虫危害芽、叶和嫩梢,形成瘿瘤,导致不能抽枝和开花,叶小且畸形,严重时树势衰弱、枝条枯死。(图 2-21)

2. 形态鉴别 成虫:体长 2~3 毫米,黄褐色至黑褐色;头短宽,触角丝状;胸部膨大背面光滑,前胸背板有 4 条纵隆线,小盾片上翘而尖;翅白色透明,翅脉褐色;产卵管针状。卵:椭圆形,乳白色,长 0.1~0.2 毫米。幼虫:体长 2.5~3 毫米,体乳白色至黄白色,纺锤形,略弯曲,两端稍细,胴部 12 节无皱纹,无足。蛹:长 2~3 毫米,乳白色至黑色。(图 2-22,图 2-23)

3. 发生特点 年发生 1 代,以低龄幼虫于芽内越冬。翌年栗芽萌发时开始危害,新梢长 1.5~

第二章　板栗害虫鉴别与无公害防治

图 2-21　栗瘿蜂虫瘿

图 2-22　栗瘿蜂成虫

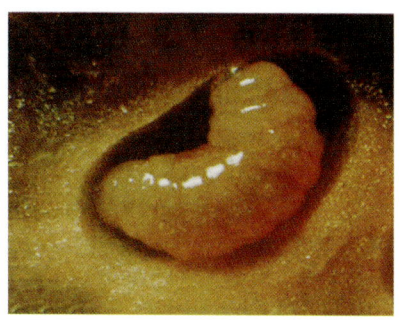

图 2-23　栗瘿蜂幼虫

3 厘米时出现圆形瘿瘤，幼虫老熟后于瘿内化蛹，河北地区化蛹期为 5 月下旬至 7 月上旬，羽化期为 6 月上旬至 7 月下旬，成虫羽化后咬破瘿瘤钻出。成虫白天活动，夜晚栖息在叶背，行孤雌生殖，卵多产在饱满芽内，每芽内产 2～3 粒。卵期 15 天左右，幼虫孵化后即于芽内危害，并形成小虫室，9 月中、下旬开始于虫室内越冬。向阳、地势低洼、避风郁闭的栗林发生重；树冠内膛和下部枝上发生较多。天敌主要有长尾小蜂等 10 余种寄生蜂。

4．防治要点

（1）农业防治：不要在栗瘿蜂发生重的栗林采接穗，以防扩大蔓延；加强综合管理，合理修剪，栗林通风透光好可减少发生。

（2）生物防治：夏季成虫羽化前剪除瘿瘤枝条，并将其放入栗瘿蜂成虫不能钻出而寄生蜂可飞出的纱网中，置于园内。寄生蜂可以从纱网孔中飞出，于园内再行寄生。

（3）药剂防治：成虫出瘿期喷洒 10% 大功臣可湿性粉剂 2000 倍液或 80% 敌敌畏乳油或 25% 西维因可湿性粉剂 1500 倍液、40%

辛硫磷乳油 1000 倍液、25% 仲丁威乳油 1500 倍液等。郁闭度大的栗园可用烟剂熏杀成虫。

十一、栗黄枯叶蛾

栗黄枯叶蛾属鳞翅目，枯叶蛾科。学名：*Trabala vishnou* Lefebure，又名栎黄枯叶蛾、绿黄枯叶蛾、蓖麻枯叶蛾，除东北、西北少数地区外，全国其他产区均有分布，危害栗、石榴、核桃、苹果、山楂、柑橘等果树的芽和叶。

1. 危害特点 幼虫食叶成孔洞和缺刻，严重时将叶片吃光，残留叶柄。

2. 形态鉴别 成虫：雌体长 25～38 毫米，翅展 60～95 毫米，淡黄绿色至橙黄色，头黄褐色杂生褐色短毛，触角双栉状，胸背黄色，翅黄绿色，外缘波状，缘毛黑褐色，前翅近三角形，具 3 条暗褐色波状横线，后缘中后部具 1 个黄褐色大斑，后翅具 2 条黄褐色波状线，腹末有暗褐色毛丛；雄体较小，体黄绿色至绿色，翅绿色，外缘线与缘毛黄白色，前翅中部有 1 个黑褐色斑点，腹末有黄白色毛丛。卵：椭圆形，长 0.3 毫米，灰白色。幼虫：体长 65～84 毫米，全体黄褐色，雌虫长深黄色毛，雄虫长灰白色毛，密生；前胸盾中部具黑褐色"×"形纹；前胸前缘两侧各有 1 个较大的黑色瘤突，上生 1 束黑色长毛；中胸后体节各生 4 个较小的黑色瘤突，瘤突上生 1 簇刚毛，其中 2 个上生黑毛，2 个上生黄白色毛；第三至九腹节背面前缘各具 1 条中间断裂的黑褐色横带，其两侧各有 1 条黑色斜纹。蛹：赤褐色，长 28～32 毫米。茧：灰黄色，长 40～75 毫米。（图 2-24，图 2-25）

图 2-24 栗黄枯叶蛾成虫

图 2-25 栗黄枯叶蛾幼虫

3. 发生特点 黄淮产区年发生 1 代，南方地区年发生 2 代，以卵越冬。翌年寄主发芽后孵化，初孵幼虫群集叶背取食叶肉，受惊扰吐丝下垂，稍大后分散取食，幼虫期80～90天。7月开始于枝干上结茧化蛹，蛹期9～20天，7月下旬至8月羽化。成虫昼伏夜出，有趋光性，于傍晚交尾。卵产在枝、干上，常数十粒排成两行，黏有稀疏的黑褐色鳞毛，状如毛虫，单雌产卵200～320粒。2代区，成虫发生于4～5月和6～9月。天敌有蠋敌、多刺孔寄蝇、黑青金小蜂等。

4. 防治要点

（1）农业防治：冬、春季用硬刷子刷除枝干上的越冬卵块；幼虫孵化后，摘叶片捕杀群集幼虫。

（2）保护利用天敌，控制害虫发生。

（3）药剂防治：卵孵化前后是施药的关键时期，叶面喷洒80%敌敌畏乳油或48%毒死蜱乳油、50%杀螟硫磷乳油、50%马拉硫磷乳油1000倍液、2.5%氯氟氰菊酯乳油、2.5%溴氰菊酯乳油、20%氰戊菊酯乳油3000～3500倍液等。

十二、栗毒蛾

栗毒蛾属鳞翅目，毒蛾科。学名：*Lymantria mathura* Moore，又名栎毒蛾、二角毛虫、苹果大毒蛾等，分布于全国各栗产区，危害栗树类、苹果、杏、李等果树的芽、叶。

1. 危害特点 幼虫取食叶片，常造成叶片破碎和缺刻，严重时将叶片吃光。

2. 形态鉴别 成虫：雌体长约30毫米，翅展85～95毫米，触角丝状，头、胸部白色，背面有黑色斑5个，接近翅基部各有1个红斑，前翅灰白色，上有5条黑褐色波状纹，内缘有粉红色和黑色斑，外缘有8～9个黑斑，前缘和外缘粉红色，后翅淡红色，外缘有褐色斑8～9块及横带1条，腹部浅红色，腹末3节白色，腹背中间有1排黑色斑；雄体长20～24毫米，翅展45～52毫米，触角双栉齿状，胸部黑色，上有5块深黑色斑，前翅黑褐色，上有白色波状横纹数条，翅中室处有1个黑色圆点，外缘有8～9块黑斑，后翅淡黄褐色，外缘有黑色斑点和横带，中部有1个黑色横斑，腹部黄色，背中间有1条黑色纵条纹。卵：圆形白色，成块状。幼虫：体长60～80毫米，体黑褐色，具黄白色斑；头部黄褐色；背线、前胸白色，后段枯黄色；体各节生毛瘤4个，上生黑褐色毛丛，第一节两侧丛毛较长且黑白毛混杂，第十一节生6丛长毛；腹面黄褐色，足赤褐色。蛹：长27～35毫米，黄褐色，头部有1对黑色短毛束。（图2-26～图2-28）

图2-26 栗毒蛾雌成虫

图2-27 栗毒蛾雄成虫

图2-28 栗毒蛾幼虫

3. 发生特点 东北、华北等地年发生1代，以卵在树皮裂缝及锯伤口处越冬。栗树发芽时卵孵化，孵化期20～30天。初孵幼虫先在卵块附近群集危害，随虫龄增大分散危害，幼虫危害期50余天。7月幼虫老熟，在叶背面结薄丝茧化蛹，尾端结一束丝倒吊。7月下旬成虫羽化。雌蛾多将卵产于树干阴面，每块卵约200粒，以卵越冬。

4. 防治要点

（1）农业防治：冬、春季刮除卵块；利用初孵幼虫集中危害的习性捕杀；人工捕杀蛹和成虫。

（2）药剂防治：卵孵化盛期和幼虫集中危害期，叶面喷洒90%晶体敌百虫800倍液或40%辛硫磷乳油1000倍液，20%杀灭菊酯乳油、2.5%敌杀死乳油、20%灭扫利乳油、5%功夫菊酯乳油2000～3000倍液等。

十三、栗小爪螨

栗小爪螨属真螨目、叶螨科。学名：*Oligonychus ununguis* Jacobi，又名针叶小爪螨、栗红蜘蛛，分布于全国各栗产区，危害板栗、山楂等果树的芽、叶。

1. 危害特点 成、若螨刺吸叶片汁液，致使栗叶呈现苍白色小斑点，严重时呈灰白色或焦枯死亡。（图2-29，图2-30）

图 2-29 栗小爪螨害叶状

图 2-30 栗小爪螨害叶失绿

2. 形态鉴别 成虫：雌体长 0.49 毫米，宽 0.32 毫米，椭圆形，褐红色，体背隆起，前端较宽，末端色暗，呈窄钝圆形，足粗壮，淡绿色，第一、四对足较长，体背刚毛粗大，黄白色，共 26 根，体背有暗绿色斑块；雄虫较大，体近三角形，腹末略尖。卵：洋葱头状，越冬卵为暗红色，夏卵为浅红色，卵壳上具放射状纹。若螨：4 对足，绿褐色，形似成螨。（图 2-31）

3. 发生特点 北方栗产区年发生 5～9 代，以卵在 1～4 年生枝条上越冬，在枝条分枝处、芽周围较多。北京地区越冬卵于 5 月上旬至 5 月下旬孵化，群集叶片正面危害，第二代于 5 月中旬至 7 月上旬发生，第三代于 6 月上旬至 8 月上旬发生，第二代后世代重叠。7 月中、下旬为全年发生高峰期。生长季节，卵产于叶片正反面。干旱年份发生重；此螨抗药性低，但自

图 2-31 栗小爪螨成虫

然控制不明显，常连年危害成灾；管理差的栗园危害重；由于此螨喜在叶面活动，夏秋大暴雨常使其种群数迅速降低。天敌有草蛉、食螨瓢虫、蓟马、小黑花蝽及多种捕食螨。

4. 防治要点

（1）农业防治：冬、春季用硬刷子刮刷树皮裂缝，消灭越冬卵。

（2）保护利用天敌：可人工释放西方盲走螨及草蛉卵，利用天敌控制螨害。

(3) 树干涂药：展叶前将树皮刮去 15～20 厘米宽的带，以略见青皮为度，用 40% 乐果乳油或 40% 辛硫磷乳油 20 倍液涂干，涂后用塑料膜包扎，对该螨的有效控制可达 40 天，且对栗树安全无药害。幼树不宜刮皮，可将药直接涂在枝干上。

(4) 药剂防治：5 月下旬至 6 月上旬越冬卵孵化前后，叶面喷洒 5% 尼索朗乳油或 20% 螨死净悬浮剂 2000 倍液，20% 螨克可湿性粉剂 1500 倍液等。此次喷药彻底及时，则一次即可控制危害。夏季活动螨发生高峰期，可喷洒 15% 哒螨灵乳油或 73% 克螨特乳油 2000～3000 倍液等，对活动螨有较好的防治效果。

十四、栗瘿螨

栗瘿螨属蜱螨目，瘿螨科。学名：*Eriophyes castanis* Lu，分布于河北、河南及周边产区，危害栗树的叶。

1. 危害特点 被害叶片正面生袋状虫瘿，瘿长 10～15 毫米，宽约 3 毫米，每片叶多达百余个虫瘿，布满整个叶片。每个虫瘿在叶背面有一个瓶状孔口，孔周围生许多黄褐色刺状毛，后期虫瘿干枯变黑褐色，叶片也提前干枯。受害枝很少结果。(图 2-32)

图 2-32 栗瘿螨危害状

2. 形态鉴别 成虫：雌螨体似胡萝卜，长 0.16～0.18 毫米；越冬雌成螨为香油色，生长季节瘿内雌成螨为乳白色或浅黄色，体两侧各有较长的毛 4 根，腹末具长毛 2 根；足 4 对，羽状爪 3 只；虫态大小不整齐。

3. 发生特点 年发生多代，在瘿内繁殖。每个瘿内有螨体数百头，多者近千头。秋末成螨从叶背孔口处爬出瘿外，转移到顶芽及顶端较大的芽上，多时一顶芽内雌螨达千余头，肉眼虽看不到虫体，但可见芽似有毛和丝状物覆盖。以雌成螨在芽鳞片下、芽基部、叶片脱落层下及其他伤口处越冬。翌年春栗树发芽后转移到幼嫩叶片上危害，并在叶上逐渐形成虫瘿，到 7～8 月仍有新虫瘿形成，只是虫瘿很小或只成一疱疹状。

4. 防治要点

(1) 农业防治：严格检疫，

不要从有虫株上采接穗或调运有虫苗木。7~8月生长季节已很易识别有虫枝,及时将虫枝全部剪除并烧掉。

(2)喷药防治:可在芽膨大期对有虫株喷洒5波美度石硫合剂、5%苯螨特乳油或5%杀螨王悬浮剂1500倍液,35%排螨净乳油800倍液等。

十五、栎芬舟蛾

栎芬舟蛾属鳞翅目,舟蛾科。学名:*Fentonia ocypete* Bremer,又名细翅天蛾、罗锅虫、旋风舟蛾等,分布于全国各栗产区,危害栗、栎树的叶。

1. 危害特点 幼虫食叶成缺刻或孔洞。

2. 形态鉴别 成虫:雄虫翅展44~48毫米,雌虫翅展46~52毫米,头、胸背暗褐色,腹背灰黄褐色,前翅暗褐色,内、外线双道黑色,内线以内的亚中褶上生1条黑色纵纹;后翅苍白色。幼虫:头红褐色,颅两侧区各有6条黑细斜纹;胸部绿色,背中央有1条内有3条白线的"1"形黑纹,纹两侧衬黄边;腹背白色,具有由许多黑色和红褐色细线组成的美丽图案形花纹,气门线是由许多灰黑色细线组成的宽带。(图2-33)

图2-33 栎芬舟蛾幼虫及危害状

3. 发生特点 辽宁地区年发生1代,以蛹越冬。翌年7月初开始羽化、产卵。初孵幼虫群集叶片危害,随虫龄增大分散危害,幼虫危害期为7月下旬至9月末。幼虫老熟后落地入土化蛹越冬。

4. 防治要点

(1)农业防治:冬春季耕翻树盘,利用低温和鸟食消灭越冬蛹;低龄幼虫期捕杀群集幼虫。

(2)生物防治:幼虫落地入土期,地面喷洒白僵菌粉或B.t乳油1000倍液,喷药后耙松表土,使幼虫感病而亡。

(3)药剂防治:①幼虫落地入土期,地面撒施50%辛硫磷颗粒剂,施药后耙松表土,毒杀幼虫;②幼虫危害期,叶面喷洒25%灭幼脲3号胶悬剂或10%多来宝悬浮剂1500倍液,5.7%百树菊酯(氟氯氰菊酯)乳油2000~2500倍液、20%杀虫菊酯乳油2000倍液等。

十六、栗舟蛾

栗舟蛾属鳞翅目,舟蛾科。学名:*Phalera assimilis* Bremer et Grey,又名栎掌舟蛾、肖黄掌舟蛾、麻栎毛虫、彩节天社蛾等,分布于全国各栗产区,危害栗、栎树的叶。

1. 危害特点 幼虫食叶成缺刻,严重时将叶片吃光。

2. 形态鉴别 成虫:雄成蛾翅展44~45毫米,雌成蛾翅展48~60毫米;头顶浅黄色,触角丝状;胸背前半部黄褐色,后半部灰白色,有2条暗红褐色横线;前翅灰褐色,前缘顶角处具1个近肾形浅黄色大斑,斑内缘生明显棕色边,基线、内线、外线为黑色锯齿状;后翅浅褐色。卵:浅黄色,半球形。幼虫:体长55毫米,头部红褐色,体深褐色,被有较密的灰白色至褐色长毛;体上生8条橙红色纵线;各体节有1条橙红色横带,故又称彩节天社蛾;3对胸足。蛹:长22~25毫米,黑褐色。(图2-34)

图2-34 栗舟蛾幼虫

3. 发生特点 年发生1代,以蛹在土中越冬。成虫翌年5~6月羽化,昼伏夜出,产卵于叶背,块生,常数百粒单层排列,卵期15天左右。低龄幼虫有群集性,常成串排列于叶上,随虫龄增大分散昼夜取食,7~8月危害重。8月底至9月初幼虫老熟后陆续下树,入土化蛹。

4. 防治要点 参考栎芬舟蛾。

十七、花布灯蛾

花布灯蛾属鳞翅目,灯蛾科。学名:*Camptoloma interiorata* Walker,又名黑头栎毛虫,分布于全国各产区,危害栗、栎等果树、林木的叶和花苞。

1. 危害特点 幼虫取食叶片,也于开花前取食花苞,重则吃光叶片和花苞,使栗树不能开花,导致减产,甚至颗粒无收。

2. 形态鉴别 成虫:体长10毫米,翅展28~38毫米,体橙黄色;前翅黄色,翅上有6条黑线,自后角区域略成放射状向前缘伸出,外缘的后半部有朱红色的斑纹2组,靠后角沿外缘处有方形小黑斑3个;后翅橙黄色;雌蛾腹端有密厚的粉红色绒毛。卵:圆形,略扁,淡黄色,卵粒块状排列整齐。幼虫:体长30～35毫米,头部黑色,前胸背板、腹足基部、臀板均为黑褐色;胸、腹部灰黄色,有茶褐色纵线13条,各节生有白色长毛数根。蛹:纺锤形,长约10毫米,茶褐色。茧:深黄色。(图2-35,图2-36)

图2-35 花布灯蛾成虫

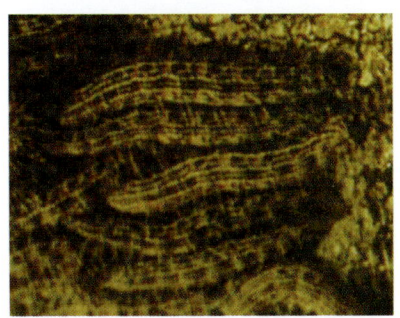

图2-36 花布灯蛾幼虫

3. 发生特点 江苏、浙江地区年发生1代,以幼虫群集在树干枝杈处结虫苞越冬。翌春3月越冬幼虫活动,于傍晚出虫苞钻入萌发芽苞内蛀食,留下空苞片,导致芽苞干枯,不能开花抽叶。4月中旬栗树发芽后,幼虫白天出苞取食嫩叶。5月上旬至中旬幼虫老熟,下树在地面枯枝落叶或土缝中作茧化蛹。成虫6月中旬羽化,昼伏夜出,产卵于树冠中部叶背面,成圆块状,卵期8～20天。幼虫孵化后群集卵块下面,吐丝结成灰白色的虫苞,并以丝将叶柄缠在小枝上。幼虫潜伏虫苞内,黄昏后出苞取食叶肉。每个虫苞平均有幼虫800多头,最多可达3000多头。11月虫群离开叶背,迁移到树干枝杈处作新虫苞,群集虫苞内潜伏越冬。翌年结虫苞处树皮多开裂,易引起天牛及其他病虫危害。丘陵山区、山洼避风向阳处发生重。天敌有刺蝇及寄生蜂等。

4. 防治要点

(1) 农业防治:冬、春季及危害发生期及时清除虫苞,集中消灭;保护利用天敌。

(2) 药剂防治:幼虫孵化前后,及时叶面喷洒95%晶体敌百虫或40%辛硫磷乳油1000倍液,10%氯菊酯乳油或10%杀螟菊酯乳油1500倍液,25%灭幼脲3号悬浮剂、20%灭幼脲1号悬浮剂2000倍液等。

十八、角纹卷叶蛾

角纹卷叶蛾属鳞翅目,卷叶

蛾科。学名：*Archips xylosteana* Linnaeus，分布于东北、华北等栗产区，危害栗、苹果、梨、樱桃等果树的芽、叶。

1. 危害特点 幼虫吐丝将叶片先端横卷或纵卷成筒状，在其内啃食叶肉，筒两端开放，幼虫转移危害频繁。（图2-37）

图2-37 角纹卷叶蛾危害状

2. 形态鉴别 成虫：体长6～8毫米；前翅棕黄色，斑纹暗紫铜色，翅基后缘处具指状基斑，中带上窄下宽，近中室外侧和顶角处各有1个黑色斑，端纹呈三角形。卵：扁椭圆形，灰褐色至灰白色。幼虫：体长16～20毫米，头部黑色，前胸盾前半部黄褐色，后半部及胸足黑褐色，胴部灰绿色。蛹：长12毫米，黄褐色。（图2-38，图2-39）

图2-38 角纹卷叶蛾成虫

3. 发生特点 东北、华北地区年发生1代，以卵块在枝条分杈处或芽基部越冬。4月下旬至5月中旬卵孵化。初孵幼虫先在枝梢顶端群集危害，稍大后吐丝下垂，分散危害。6月下旬幼虫老熟后在卷叶中化蛹。成虫6月下旬至7月中旬羽化产卵，本年内不再危害。

4. 防治要点

（1）农业防治：冬、春季及夏季经常检查，发现卵块及时清除消灭。

（2）药剂防治：在卵孵化盛

图2-39 角纹卷叶蛾幼虫

期及卷叶危害前，喷洒20%虫死净可湿性粉剂或25%灭幼脲3号悬浮剂、5%氟啶脲乳油1500倍液，

20%速灭杀丁乳油2000倍液、5%来福灵乳油3000倍液等防治幼虫。

十九、栗天蚕

栗天蚕属鳞翅目,大蚕蛾科。学名:*Dictyoploca japonica* Butler,又名核桃楸天蚕蛾、白果蚕、银杏大蚕蛾,分布于东北、华北、华东、华中、华南、西南等产区,危害栗、银杏、核桃、樱桃、桃、苹果、梨、李等果树的芽、叶。

1. 危害特点 幼虫取食果树的嫩芽和叶片,食叶成缺刻,重者食光叶片。

2. 形态鉴别 成虫:体长25~60毫米,翅展90~150毫米,体灰褐色或紫褐色;雌蛾触角栉齿状,雄蛾触角羽状;前翅内横线紫褐色,外横线暗褐色,两线于近后缘处汇合,中间呈三角形浅色区,中室端部具月牙形透明斑;后翅从基部到外横线间具较宽红色区,亚缘线区橙黄色,缘线灰黄色,中室端处生大眼状斑1个,斑内侧具白纹;后翅臀角处有白色月牙形斑1个。卵:椭圆形,长2.2毫米左右,灰褐色,一端具黑斑。幼虫:末龄幼虫体长80~110毫米;体黄绿色或青蓝色;背线黄绿色,亚背线浅黄色,气门上线青白色,气门线乳白色,气门下线、腹线处深绿色;各体节具青白色长毛及突起的毛瘤,其上生黑褐色硬毛。蛹:长30~60毫米,污黄色至深褐色。茧:长60~80毫米,黄褐色,网状。(图2-40,图2-41)

图2-40 栗天蚕成虫

图2-41 栗天蚕幼虫

3. 发生特点 年发生1~2代,其中辽宁、吉林地区年发生1代,以卵越冬。翌年5月上旬越冬卵开始孵化。5~6月进入幼虫危害盛期,重者把树上叶片吃光。6月中旬至7月上旬老熟幼虫于树冠下部枝叶间缀叶结茧化蛹。8月中、下旬成虫羽化、交配和产卵。卵多产在树干下部1～3米处及树杈处，数十粒至百余粒块产。天敌主要有赤眼蜂、黑卵蜂、绒茧蜂、螳螂、蚂蚁等。

4. 防治要点

（1）农业防治：冬、春季用硬刷子刷除树皮缝隙中的越冬卵，减少越冬虫源；6～7月结合园内管理，人工捕捉幼虫和摘除茧蛹，喂养家禽。

（2）药剂防治：掌握雌蛾到树干上产卵、幼虫孵化盛期上树危害之前和幼虫3龄前的有利时机，喷洒50%马拉硫磷乳油或50%敌敌畏乳油、90%晶体敌百虫1000倍液，或10%氯菊酯乳油2000～2500倍液、10%多来宝悬浮剂1000～1500倍液、5%农梦特乳油1000～2000倍液等。

二十、绿尾大蚕蛾

绿尾大蚕蛾属鳞翅目，大蚕蛾科。学名：*Actias selene ningpoana* Felder，又名燕尾水青蛾、水青蛾、长尾月蛾、绿翅天蚕蛾，除新疆、西藏等地未见报道外，其他产区均有分布，危害栗、樱桃、柿、杏、石榴、枣、苹果、梨、葡萄等果树的叶。

1. 危害特点

幼虫食叶。低龄幼虫食叶成缺刻或空洞，稍大吃光全叶而仅留叶柄。由于虫体大、食量大，发生严重时吃光全树叶片。

2. 形态鉴别

成虫：雄蛾体长35～40毫米，翅展100～110毫米，雌蛾体长40～45毫米，翅展120～130毫米；体被浓厚白色绒毛，体腹面近褐色；触角红褐色，羽状；雌蛾翅粉绿色，雄蛾翅色较浅，泛米黄色；前翅前缘具白、紫、棕黑三色组成的纵带1条；前后翅中室末端各具椭圆形眼斑1个；后翅臀角呈长尾状突出，长40毫米左右。卵：球形，稍扁，直径约2毫米，灰白色至紫褐色。幼虫：1～2龄幼虫黑色，3龄幼虫全体橘黄色，4龄开始渐变为嫩绿色；老熟幼虫体长80～110毫米，体绿色粗壮，近结茧化蛹时变为茶褐色；体节近六角形，着生肉状突毛瘤，毛瘤上具白色刚毛和褐色短刺；毛瘤顶部红色，基部棕黑色；体腹面黑色。茧：灰白色，丝质粗糙，长卵圆形，长径50～55毫米，横径25～30毫米，茧外常有寄主叶包裹。蛹：长45～50毫米，紫褐色。（图2-42～图2-49）

3. 发生特点

年发生2～4代，在树上作茧化蛹越冬。北方果产区越冬蛹4月中旬至5月上旬羽化并产卵，卵期10～15天；第一代幼虫5月上、中旬孵化，老熟幼虫6月上、中旬开始化蛹，第一代成虫6月下旬至7月初羽化产卵，

第二章 板栗害虫鉴别与无公害防治

图 2-42　绿尾大蚕蛾雌成虫

图 2-43　绿尾大蚕蛾雄成虫

图 2-44　绿尾大蚕蛾卵

图 2-45　绿尾大蚕蛾初孵幼虫

图 2-46　绿尾大蚕蛾 4 龄幼虫

图 2-47　绿尾大蚕蛾成龄幼虫

图 2-48 绿尾大蚕蛾缀叶茧

图 2-49 绿尾大蚕蛾蛹

卵期 8～9 天;第二代幼虫 7 月上旬孵化,9 月底老熟幼虫结茧化蛹。成虫昼伏夜出,有趋光性。卵堆产,每堆有卵几粒至二三十粒。1～2 龄幼虫有群集性,较活跃;3 龄以后逐渐分散,食量增大,行动迟钝。幼虫老熟后贴枝吐丝缀结多片叶,在其内结茧化蛹。越冬茧多在树干下部分杈处。天敌有赤眼蜂等。

4. 防治要点

(1) 农业防治:冬、春季清除果园枯枝落叶和杂草,摘除越冬虫茧烧毁;生长季节人工捕杀幼虫,设置黑光灯诱杀成虫。

(2) 生物防治:保护利用天敌。赤眼蜂在室内对卵的寄生率可达 84%～88%。

(3) 药剂防治:卵孵化前后和幼虫 3 龄前喷药防治效果最佳,由于 4 龄后虫体增大用药效果差。

可喷洒 50% 杀螟松乳油 1500 倍液或 50% 辛硫磷乳油 1200 倍液、25% 灭幼脲 1 号胶悬剂或 10% 氯菊酯乳油 1000 倍液、10% 杀螟菊酯乳油 800～1000 倍液等。

二十一、茶蓑蛾

茶蓑蛾属鳞翅目,蓑蛾科。学名:*Clania minuscula* Butler,又名小窠蓑蛾、小蓑蛾、小袋蛾、茶袋蛾、避债蛾、茶背袋虫,分布全国各产区,危害栗、樱桃、枣、桃、柑橘、石榴等 100 多种植物的叶、芽、果皮。

1. 危害特点 幼虫在护囊中咬食叶片、嫩梢或剥食枝干、果实皮层,造成局部光秃。该虫喜集中危害。

2. 形态鉴别 成虫:雌蛾体长 12～16 毫米,足退化,无翅,蛆状，体乳白色，头小、褐色，腹部肥大，体壁薄，能看见腹内卵粒；雄蛾体长 11～15 毫米，翅展 22～30 毫米，体翅暗褐色，触角双栉状，胸部、腹部具鳞毛，前翅翅脉两侧色略深，外缘中前方具近正方形透明斑 2 个。卵：椭圆形，0.8 毫米×0.6 毫米，浅黄色。幼虫：体长 16～28 毫米；头黄褐色，胸部背板灰黄白色，背侧具褐色纵纹 2 条，胸节背面两侧各具浅褐色斑 1 个；腹部棕黄色，各节背面均有"八"字形黑色小突起 4 个。蛹：雌蛹纺锤形，长 14～18 毫米，深褐色；雄蛹深褐色，长 13 毫米。护囊：纺锤形，枯枝色，成长幼虫的护囊，雌的长约 30 毫米，雄的约 25 毫米。囊系以丝缀结叶片、枝条碎片及长短不一的枝梗而成，枝梗整齐地纵裂于囊的最外层。（图 2-50～图 2-54）

图 2-50　茶蓑蛾雄成虫

图 2-51　茶蓑蛾雌成虫

图 2-52　茶蓑蛾幼虫

图 2-53　茶蓑蛾蛹

图2-54 茶蓑蛾囊

3. 发生特点 贵州年发生1代，华东地区年发生1~2代，台湾年发生2~3代，以幼虫在枝叶上的护囊内越冬。翌春3月越冬幼虫开始取食，5月中、下旬化蛹，6月上旬至7月中旬成虫羽化并产卵，卵期12~17天。第一代幼虫6~8月发生，且危害重，幼虫期50~60天。第二代幼虫9月出现，危害至落叶越冬。幼虫孵化后先取食卵壳，后爬上枝叶或飘至附近枝叶上，吐丝黏缀碎叶营造护囊，并开始取食。天敌有蓑蛾疣姬蜂、松毛虫疣姬蜂、桑蟥疣姬蜂、大腿蜂、小蜂等。

4. 防治要点

（1）农业防治：发现虫囊及时摘除，集中烧毁。

（2）生物防治：注意保护、利用寄生蜂等天敌昆虫；或喷洒每克含1亿活孢子的杀螟杆菌或青虫菌6号悬浮剂防治。

（3）药剂防治：在幼虫初孵期，喷洒90%晶体敌百虫或50%杀螟松乳油1000倍液，80%敌敌畏乳油1200倍液、2.5%溴氰菊酯乳油2000倍液等。

二十二、大袋蛾

大袋蛾属鳞翅目，袋蛾科。学名：*Clania variegata* Snellen，又名大蓑蛾、蓑衣蛾、布袋蛾、大背袋虫、大窠蓑蛾，除新疆未见报道外，其他各产区均有发生，危害栗、柿、桃、石榴等65种以上的果树和林木的芽、叶。

1. 危害特点 幼虫吐丝缀叶成囊，隐藏其中，头伸出囊外取食叶片及嫩芽，啃食叶肉留下表皮，重者食成孔洞、缺刻，直至将叶片吃光。

2. 形态鉴别 成虫：雌蛾无翅，体长12~16毫米，蛆状，头小、褐色，胸腹部黄白色，胸部弯曲，腹部大，第四至七腹节周围生有黄色绒毛。雄蛾有翅，体长11~15毫米，翅展22~30毫米，体和翅深褐色，胸、腹部密被鳞毛，触角羽状，前翅翅脉两侧色深，在近翅尖处沿外缘有近方形透明斑1个，外缘近中央处又有长方形透明斑1个。卵：椭圆形，长约0.8毫米，豆黄色。幼虫：体长16~26毫米；头黄褐色，具黑褐色斑纹，胸腹部肉黄色，背面中央略带紫褐色；胸部背面有褐色纵纹2条，每节纵纹两侧各有褐斑1个；腹部各节背面有黑色突起4个，排列成"八"字形。蛹：雌蛹体长14～18毫米，纺锤形，褐色；雄蛹体长约13毫米，褐色，腹末稍弯曲。护囊：枯枝色，橄榄形，为成长幼虫的护囊；雌虫的护囊长约30毫米，雄虫的长约25毫米；囊系以丝缀结叶片、枝皮碎片及长短不一的枝梗而成，枝梗不整齐地排列于囊的最外层。(图2-55，图2-56)

3. 发生特点　黄淮产区年发生1代，以幼虫在护囊内悬挂于枝上越冬。4月20日－5月25日越冬幼虫化蛹，5月30日－6月3日成虫羽化，成虫羽化后2～3天产卵，卵历期15～18天，卵孵化盛期在6月20日－6月25日。幼虫孵化后从旧囊内爬出再结新囊，爬行时护囊挂在腹部末端，头胸露在外取食叶片，直至越冬。天敌有大腿小蜂、脊腿姬蜂和寄生蝇等。

4. 防治要点

(1) 生物防治：喷洒大袋蛾多角体病毒（NPV）和苏云金杆菌（Bt），防治效果好；保护、利用天敌。

(2) 农业防治：在幼虫越冬期摘除虫袋，碾压或烧毁。

(3) 药剂防治。在7月5日－7月20日前后，幼虫低龄期，虫囊长约1厘米左右，喷洒90%晶体敌百虫或50%敌敌畏乳油1000倍液、5%氟氯氰菊酯乳油2000～2500倍液、20%甲氰菊酯乳油3000倍液、50%辛硫磷乳油1200倍液等。

图2-55　大袋蛾囊

图2-56　大袋蛾幼虫

二十三、白囊蓑蛾

白囊蓑蛾属鳞翅目，蓑蛾科。学名：*Chalioides kondonis* Matsumura，又名白囊袋蛾、白蓑蛾、白袋蛾、白避债蛾、棉条蓑蛾，橘白蓑蛾，分布全国各产区，危害栗、樱桃、柿、枣、苹果、桃、石榴、柑橘等果树的芽和叶。

1. **危害特点** 幼虫在护囊中咬食叶片、嫩梢或剥食枝干、果实皮层，造成寄主植物光秃。（图2-57）

2. **形态鉴别** 成虫：雌体长9～16毫米，无翅，蛆状，体黄白色至浅黄褐色，微带紫色，头小，触角小，各胸节及第一、二腹节背面具有光泽的硬皮板，其中央具褐色纵线，体腹面至第七腹节各节中央皆具紫色圆点1个，第三腹节后各节有浅褐色丛毛，腹部肥大，尾端瘦小似锥状；雄体长6～11毫米，翅展18～21毫米，体浅褐色，密被白色长毛，触角羽状，翅白色、透明，后翅基部有白色长毛。卵：椭圆形，长0.8毫米，浅黄色至鲜黄色。幼虫：体长25～30毫米，黄白色，头部橙黄色至褐色，上具暗褐色至黑色云状点纹；胸节背面硬皮板褐色，上有黑色点纹；第八、九腹节背面具褐色大斑，臀板褐色；有胸足和腹足。蛹：黄褐色，雌体长12～16毫米，雄体长8～11毫米。蓑囊：灰白色，长圆锥形，长27～32毫米，丝质紧密，表面无枝和叶附着。（图2-58～图2-60）

图 2-57 白囊蓑蛾危害状

图 2-58 白囊蓑蛾成虫

图 2-59 白囊蓑蛾幼虫

图 2-60 白囊蓑蛾囊

3. **发生特点** 年发生 1 代,以低龄幼虫于蓑囊内在枝干上越冬。翌春寄主发芽展叶期幼虫开始危害,6 月老熟化蛹,6 月下旬至 7 月羽化,雌虫仍在蓑囊里,雄虫飞来交配,产卵在蓑囊内,卵期 12～13 天。幼虫孵化后爬出蓑囊,爬行或吐丝下垂分散危害,在枝叶上吐丝结新蓑囊,常数头在叶上群居食害叶肉。随幼虫生长,蓑囊渐大。幼虫活动时携囊而行,取食时头胸部伸出囊外,受惊扰时缩回囊内。幼虫经一段时间取食便转至枝干上越冬。天敌有寄生蝇、姬蜂、白僵菌等。

4. **防治要点**

(1) 农业和生物防治:及时摘除蓑囊;保护、利用天敌。

(2) 药剂防治:幼虫低龄期,虫囊长约 1 厘米左右时,喷洒 90% 晶体敌百虫或 50% 敌敌畏乳油、2% 罗速发乳油 1000 倍液,或 5% 来福灵乳油 3000 倍液、5% 氟氯氰菊酯乳油 2000～2500 倍液、20% 甲氰菊酯乳油 3000 倍液等。

二十四、黄刺蛾

黄刺蛾属鳞翅目,刺蛾科。学名:*Cnidocampa flavescens* Walker,又名刺蛾、洋辣子、八角罐、八角虫、羊蜡罐、白刺毛等,分布全国各产区,危害栗、樱桃、柿、桃、杏、石榴、苹果等果树的芽、叶。

1. **危害特点** 低龄幼虫群集叶背面啃食叶肉,稍大可把叶食成网状;随虫龄增大则分散取食,将叶片吃成缺刻,仅留叶柄和叶脉,重者吃光全树叶片。

2. **形态鉴别** 成虫:体长 13～16 毫米,翅展 30～34 毫米;头和胸部黄色,腹背黄褐色;前翅内半部黄色,外半部褐色,有 2 条暗褐色斜线在翅尖上汇合于一点,呈倒"V"字形,内面一条伸到中室下角,为黄色与褐色的分界线。卵:椭圆形,白色堆产。幼虫:体长 16～25 毫米,头小,胸腹部肥大,呈长方形(似幼儿的娃娃鞋),黄绿色;体背有 1 个两端粗中间细的哑铃形紫褐色大斑,和许多突起枝刺。蛹:椭圆形,长 12 毫米,黄褐色。茧:灰白色,质地坚硬,茧壳上有几道褐色、长短不一的纵纹,形似雀蛋。(图 2-61～图 2-66)

图 2-61 黄刺蛾成虫

图 2-62 黄刺蛾卵块

图 2-63 黄刺蛾成龄幼虫

图 2-64 黄刺蛾老龄幼虫

图 2-65 黄刺蛾蛹

图 2-66 黄刺蛾茧

3. **发生特点** 年发生2代,以老熟幼虫在树枝上结茧越冬。翌年5月上旬化蛹,5月中、下旬至6月上旬羽化。成虫趋光性强,产卵于叶背面,数十粒连成一片。6月中、下旬幼虫孵化,初孵幼虫喜群集危害,数头幼虫白天头向内形成环状静伏于叶背,6月下旬至7月上、中旬幼虫老熟后,固贴在枝条上作茧化蛹。7月下旬出现第二代幼虫,危害至9月初,结茧越冬。天敌主要有上海青蜂和黑小蜂等。

4. **防治要点**

(1) 农业防治:冬、春季剪除冬茧,集中烧毁,消灭越冬幼虫。

(2) 生物防治:摘除冬茧时,识别青蜂(冬茧上端有一被寄生蜂产卵时留下的小孔),选出保存,来年放入果园天然繁殖寄生虫茧。幼虫发生期,喷洒每克含1亿活孢子的杀螟杆菌或青虫菌6号悬浮剂防治。

(3) 药剂防治:幼虫危害初期,喷洒90%晶体敌百虫或50%敌敌畏乳油800~1000倍液;40%辛硫磷乳油1200倍液、50%杀螟硫磷乳油1000倍液、20%氰戊菊酯乳油2500倍液、25%灭幼脲悬浮剂2000倍液、2.5%敌杀死乳油3000~4000倍液等。

二十五、白眉刺蛾

白眉刺蛾属鳞翅目,刺蛾科。学名:*Narosa edoensis* Kawada,又名杨梅刺蛾,分布全国多数产区,危害栗、樱桃、柿、桃、杏、石榴、核桃、枣等果树的芽、叶。

1. **危害特点** 幼虫危害叶片。低龄幼虫啃食叶肉,稍大把叶片食成缺刻或孔洞,重者仅留主脉。

2. **形态鉴别** 成虫:体长8毫米,翅展16毫米左右;前翅乳白色,端部具浅褐色、浓淡不均的云状斑。幼虫:体长7毫米左右,扁椭圆形,绿色;体背部隆起呈龟甲状,头褐色,很小,缩于胸前;体上无明显刺毛;体背生2条黄绿色纵带纹,纹上具小红点。蛹:长4.5毫米,近椭圆形。茧:长5毫米,圆桶形,灰褐色。(图2-67~图2-69)

图2-67 白眉刺蛾成虫

图 2-68　白眉刺蛾幼虫

图 2-69　白眉刺蛾茧

3．发生特点　年发生 2～3 代，以老熟幼虫在树杈或叶背结茧越冬。翌年 4～5 月化蛹，5～6 月成虫羽化，成虫昼伏夜出，有趋光性。卵块产于叶背，每块有卵 8 粒左右，卵期 7 天。7～8 月进入幼虫危害期，低龄幼虫在叶背取食，留下半透明的上表皮，随虫龄增大，把叶食成缺刻或孔洞，重者食完全叶。8 月下旬幼虫老熟，结茧越冬。

4．防治要点　同黄刺蛾。

二十六、丽绿刺蛾

丽绿刺蛾属鳞翅目，刺蛾科。学名：*Latoia lepida* Cramer，又名绿刺蛾，分布全国各产区，危害栗、樱桃、柿、桃、杏、石榴、苹果、梨、柑橘等果树的芽、叶。

1．危害特点　幼虫蚕食叶片。低龄幼虫群集叶背，食叶成网状；重者食净叶肉，仅剩叶柄。

2．形态鉴别　成虫：体长 10～17 毫米，翅展 35～40 毫米；雄蛾触角双栉齿状，雌蛾触角基部丝状；头顶、胸背绿色，腹部灰黄色；前翅绿色，肩角处有 1 块深褐色尖刀形基斑，外缘具深棕色宽带；后翅浅黄色，外缘带褐色。卵：扁平椭圆形，长径约 1.5 毫米，浅黄绿色。幼虫：体长 25～27 毫米，初龄时黄色，稍大转为粉绿色；从中胸至第八腹节各有 4 个瘤状突起，上生有黄色刺毛丛，第一腹节背面的毛瘤各有 3～6 根红色刺毛；腹部末端有 4 丛球状黑色刺毛；背中央具暗绿色带 3 条，两侧有浓蓝色点线。蛹：椭圆形，长约 13 毫米，黄褐色。茧：椭圆形，长约 15 毫米，暗褐色，坚硬。（图 2-70～图 2-73）

3．发生特点　年发生 2 代，以老熟幼虫在树干上结茧越冬。翌年 4 月下旬至 5 月上旬化蛹，第一代成虫于 5 月末至 6 月上旬羽化，

图 2-70　丽绿刺蛾成虫

图 2-71　丽绿刺蛾成龄幼虫

图 2-72　丽绿刺蛾蛹

图 2-73　丽绿刺蛾茧

第一代幼虫于 6 月至 7 月发生；第二代成虫 8 月中、下旬羽化，第二代幼虫于 8 月下旬至 9 月发生，至 10 月上旬在树干上结茧越冬。成虫有强趋光性，产卵于叶背，数十粒成块。初孵幼虫常 7～8 头群集取食，稍大后分散危害。幼虫体上的刺毛丛含有毒腺，人体皮肤接触后，常因毒液进入皮下而肿胀奇痛，故有"洋辣子"之称。天敌有爪哇刺蛾、寄生蝇等。

4. 防治要点

（1）农业防治：冬、春季清洁果园，消灭树枝上的越冬茧。

（2）捕杀初龄幼虫：及时摘除初孵幼虫群集危害的叶片，消灭之。注意勿使虫体接触皮肤。

（3）药剂防治：幼虫初孵期喷药防治，参阅黄刺蛾防治方法。

二十七、扁刺蛾

扁刺蛾属鳞翅目，刺蛾科。学名：*Thosea sinensis* Walker，又名黑点刺蛾、黑刺蛾，分布全国各产区，危害栗、柿、桃、杏、石榴、苹果、柑橘等果树的芽、叶。

1. 危害特点 初孵幼虫群集叶背啃食叶肉，使叶片仅留透明的上表皮；随虫龄增大，食叶成空洞和缺刻，重者食光叶片。

2. 形态鉴别 成虫：体长13~18毫米，翅展28~35毫米；体暗灰褐色，腹面及足色较深；雌蛾触角丝状，雄蛾触角羽状；前翅灰褐色稍带紫色，中室外侧有1条明显的暗斜纹，自前缘近顶角处向后缘斜伸；雄蛾中室上角有1个黑点；后翅暗灰褐色。卵：扁平椭圆形，长1.1毫米，淡黄绿色至灰褐色。幼虫：体长21~26毫米，宽16毫米，体扁，椭圆形，背部稍隆起，形似龟背，全体绿色、黄绿色或淡黄色，背线白色；体边缘有10个瘤状突起，其上生有长刺毛，第四节背面两侧各有1个红点。蛹：长10~15毫米，近椭圆形，乳白色至黄褐色。茧：椭圆形，长12~16毫米，紫褐色。（图2-74~图2-76）

3. 发生特点 年发生1~3代，以老熟幼虫在树下3~6厘米土层内结茧，以前蛹越冬。1代区6月上旬羽化、产卵，6月中旬至9月上、中旬幼虫发生危害。2~3代区5月中旬至6月上旬羽化；第一代幼虫5月下旬至7月中旬发生；第二代幼虫7月下旬至9月中旬发生；第三代幼虫9月上旬至

图2-74 扁刺蛾成虫

图2-75 扁刺蛾成龄幼虫

图2-76 扁刺蛾茧

10月发生，均以老熟幼虫入土结茧越冬。卵多散产于叶面上，卵期7天左右。低龄幼虫啃食叶肉，留

下一层表皮，大龄幼虫取食全叶，虫量多时，常从枝的下部叶片吃至上部，每枝仅存顶端几片嫩叶。

4. 防治要点

（1）农业防治：冬、春季耕翻树盘，利用低温和鸟食消灭土中越冬的虫茧。

（2）生物防治：喷洒青虫菌6号悬浮剂1000倍液，杀虫保叶。

（3）药剂防治：卵孵化盛期和低龄幼虫期喷洒50%杀虫环可溶性粉剂1500～2000倍液或80%杀虫单可溶性粉剂2000倍液、50%辛硫磷乳油或45%马拉硫磷乳油1000倍液、5%来福灵乳油2000倍液等。

二十八、金毛虫

金毛虫属鳞翅目，毒蛾科。学名：*E.similis xanthocampa* Dyar，又名桑斑褐毒蛾、纹白毒蛾、桑毒蛾、黄尾毒蛾、黄尾白毒蛾等，分布全国多数产区，危害栗、樱桃、枣、桃、杏、苹果、石榴、山楂等果树的芽、叶和嫩果皮。

1. 危害特点

初孵幼虫群集叶背取食叶肉，仅留透明的上表皮；稍大后分散危害，将叶片吃成大的缺刻，重者仅剩叶脉，并啃食嫩果皮。

2. 形态鉴别

成虫：雌体长14～18毫米，翅展36～40毫米；雄体长12～14毫米，翅展28～32毫米；全体及足白色；触角双栉齿状；雌、雄蛾前翅近臀角处有褐色斑纹，雄蛾前翅在内缘近基角处还有一褐色斑纹。卵：直径0.6～0.7毫米，灰白色。幼虫：体长26～40毫米；头黑褐色，体黄色，背线红色；体背面有一橙黄色带，带中央贯穿一红褐间断的线；前胸背面两侧各有一红色瘤，其余各节背瘤黑色，瘤上生黑色长毛束和白色短毛。蛹：长9～11.5毫米。茧：长13～18毫米，椭圆形，淡褐色。（图2-77～图2-80）

图2-77 金毛虫成虫

图2-78 金毛虫卵块

图 2-79　金毛虫幼虫

图 2-80　金毛虫茧

3. 发生特点　年发生 2～6 代，以幼虫结灰白色薄茧在枯叶、树杈、树干缝隙及落叶中越冬。2 代区翌年 4 月开始危害春芽及叶片。一、二、三代幼虫危害高峰期主要在 6 月中旬、8 月上、中旬和 9 月上、中旬，10 月上旬前后开始结茧越冬。成虫昼伏夜出，产卵于叶背，形成长条形卵块，卵期 4～7 天。每代幼虫历期 20～37 天。幼虫有假死性。天敌主要有黑卵蜂、矮饰苔寄蝇、桑毛虫绒茧蜂等。

4. 防治要点

（1）农业防治：冬、春季刮刷老树皮，清除园内外枯叶、杂草，消灭越冬幼虫。在低龄幼虫集中危害时，摘虫叶灭虫。

（2）生物防治：掌握在 2 龄幼虫高峰期，喷洒每毫升含 15 000 颗粒的多角体病毒悬浮液，每 667 平方米喷 20 升。

（3）药剂防治：幼虫分散危害前，及时喷洒 2.5% 敌杀死乳油或 20% 速灭杀丁乳油 3000 倍液、10% 天王星乳油 4000～5000 倍液、52.25% 农地乐乳油 2000 倍液、50% 辛硫磷乳油 1000 倍液、10% 吡虫啉可湿性粉剂 2500 倍液等。

二十九、茶长卷叶蛾

茶长卷叶蛾属鳞翅目，卷蛾科。学名：*Homona magnanima* Diakonoff，又名茶卷叶蛾、后黄卷叶蛾、褐带长卷蛾、茶淡黄卷叶蛾、柑橘长卷蛾，分布于华东、华南、西南各产区，危害栗、柿、枣、石榴、苹果、柑橘等果树的芽、叶。

1. 危害特点　初孵幼虫缀结叶尖，潜居其中取食上表皮和叶肉，残留下表皮，致卷叶呈枯黄薄膜斑；大龄幼虫食叶成缺刻或孔洞。（图 2-81）

图 2-81 茶长卷叶蛾幼虫危害状

图 2-82 茶长卷叶蛾成虫

2. 形态鉴别 成虫：雌体长 10 毫米，翅展 23～30 毫米，体浅棕色，触角丝状，前翅近长方形、浅棕色，翅尖深褐色，翅面散生许多深褐色细纹，后翅肉黄色、扇形，前缘、外缘茶褐色；雄体长 8 毫米，翅展 19～23 毫米，前翅黄褐色，基部中央、翅尖浓褐色，前缘中央具一黑褐色圆形斑，前缘基部具一浓褐色近椭圆形突出，后翅浅灰褐色。卵：扁平椭圆形，长 0.8 毫米，浅黄色。幼虫：体长 18～26 毫米，体黄绿色；头黄褐色；前胸背板近半圆形，褐色，两侧下方各具 2 个黑褐色椭圆形小角质点；胸足色暗。蛹：长 11～13 毫米，深褐色。（图 2-82～图 2-84）

图 2-83 茶长卷叶蛾幼虫

图 2-84 茶长卷叶蛾蛹

3. 发生特点 浙江、安徽年发生 4 代，以幼虫蛰伏在卷苞里越冬。翌年 4 月下旬成虫羽化并产卵。第一代卵期在 4 月下旬至 5 月上旬，幼虫期在 5 月中旬至 5 月下旬，成虫期在 6 月。二代卵期在 6 月，幼虫期在 6 月下旬至 7 月上旬，成虫期在 7 月中旬。7 月中旬至 9 月上旬发生第三代。9月上旬至翌年4月发生第四代。成虫昼伏夜出，有趋光性、趋化性。卵多产于老叶正面。初孵幼虫在幼嫩芽叶内，吐丝缀结叶尖潜居其中取食，老熟后多离开原虫苞，重新缀结2片老叶，在其中化蛹。天敌有松毛虫赤眼蜂、小蜂、茧蜂、寄生蝇等。

4. 防治要点

（1）农业防治：冬季剪除虫枝，清除果园枯枝、落叶和杂草，减少虫源。发生期及时摘除卵块、虫果及卷叶团，集中消灭。

（2）生物防治：在第一、二代成虫产卵期释放松毛虫赤眼蜂，每代放蜂3～4次，5～7施放天1次，每667平方米每次放蜂2.5万头。

（3）药剂防治：每代卵孵化盛期喷洒每克含100亿孢子的青虫菌1000倍液，可混入0.3%茶枯或0.2%中性洗衣粉提高防效；或喷洒白僵菌300倍液；90%晶体敌百虫或50%杀螟松乳油1000倍液、2.5%功夫乳油2000～3000倍液、10%氯菊酯乳油1500倍液等。

三十、舟形毛虫

舟形毛虫属鳞翅目，舟蛾科。学名：*Phalera flavescens* Bremer et Grey，又名苹掌舟蛾、苹果天社蛾、黑纹天社蛾、举尾毛虫、举肢毛虫、秋黏虫、苹天社蛾、苹黄天社蛾等，分布于全国各产区，危害栗、苹果、樱桃、核桃、山楂、梨、杏、桃、李、枇杷等果树的芽和叶。

1. 危害特点

初龄幼虫啃食叶肉，仅留表皮，呈箩底状；稍大后食叶成缺刻或仅残留叶柄，严重时将叶片吃光，造成二次开花。

2. 形态鉴别

成虫：体长22～25毫米，翅展49～52毫米，头胸部淡黄白色，雄蛾腹背浅黄褐色，雌蛾腹背土黄色，末端均淡黄色，触角丝状，前翅银白色，在近基部生有1个长圆形斑，外缘有6个椭圆形斑横列成带状，各斑内端灰黑色，外端茶褐色，中间有黄色弧线隔开，翅中部有淡黄色波浪状线4条；后翅浅黄白色，近外缘处有1条褐色横带。卵：球形，直径约1毫米，初淡绿色，渐变为灰色。幼虫：体长55毫米左右，被灰黄色长毛，头、前胸、臀板、足均黑色，胴部紫黑色，体侧具3条紫红色线，并具多个淡黄色长毛簇。蛹：长20～23毫米，暗红褐色至黑紫色，腹末有臀棘6根。（图2-85～图2-88）

3. 发生特点

年生1代，以蛹在树冠下土中越冬。翌年7月上旬至下旬成虫羽化，昼伏夜出，趋光性强。卵多产在树体东北面的

图2-85　舟形毛虫成虫

图2-86　舟形毛虫卵及初孵幼虫

图2-87　舟形毛虫幼虫

图2-88　舟形毛虫蛹

中、下部枝条的叶背，数十粒或百余粒密集成块，卵期6~13天。低龄幼虫傍晚至早晨或阴天群集叶面，头向叶缘排列成行，由叶缘向内啃食。低龄幼虫遇惊扰或震动时成群吐丝下垂，稍大后分散取食，白天多栖息在叶柄或枝条上，头尾翘起，状似小舟，故称舟形毛虫，幼虫期31天左右。幼虫成龄后食量大，常把叶片吃光。幼虫老熟后下树，入土化蛹越冬。

4. 防治要点

(1) 农业防治：冬、春季翻耕树盘，利用低温和鸟食消灭越冬蛹；在幼虫分散危害前，及时剪除并烧毁幼虫群居的枝叶；利用幼虫吐丝下垂的习性，人工震落捕杀幼虫。

(2) 生物防治：在卵发生期的7月中、下旬释放松毛虫赤眼蜂，对卵的寄生率可达95%以上，灭卵效果好；也可在幼虫期喷洒每克含300亿孢子的青虫菌粉剂1000倍液。

(3) 成虫发生期利用黑光灯诱杀成虫。

(4) 药剂防治：卵孵化前后和幼虫分散危害前是树上施药的关键期，可喷洒48%毒死蜱乳油或40%乙酰甲胺磷乳油、50%杀螟硫磷乳油1000倍液、90%晶体敌百虫800倍液、20%戊菊酯乳油1500～2000倍液、10%醚菊酯乳油800～1000倍液、25%灭幼脲悬浮剂1500倍液、3%啶虫脒乳油2000倍液等。

三十一、折带黄毒蛾

折带黄毒蛾属鳞翅目，毒蛾科。学名：*Artaxa flava* Bremer，又名黄毒蛾、柿黄毒蛾、杉皮毒蛾，除西藏、青海、新疆未见报道外，其他各产区均有分布，危害栗、柿、石榴、苹果、山楂、枇杷等果树的芽、叶。

1. **危害特点** 幼虫食芽、叶，将叶吃成缺刻或孔洞，严重时将叶片吃光，并啃食幼嫩枝条的皮。

2. **形态鉴别** 成虫：雌体长15～18毫米，翅展35～42毫米，雄略小；体黄色或浅橙黄色；触角栉齿状，雄较雌发达；前翅黄色，中部具棕褐色宽横带1条，从前缘外斜至中室后缘，折角内斜止于后缘，形成折带（故称折带黄毒蛾），带两侧为浅黄色线镶边，翅顶区具棕褐色圆点2个，位于近外缘顶角处及中部偏前；后翅无斑纹，基部色浅，外缘色深，缘毛浅黄色。卵：半圆形或扁圆形，直径0.5～0.6毫米，淡黄色，数十粒至数百粒成块，排列为2～4层，上覆有黄色绒毛。幼虫：体长30～40毫米，头黑褐色，上具细毛；体黄色或橙黄色，胸部和第五至十腹节背面两侧各具黑色纵带1条；臀板黑色，第八节至腹末背面为黑色；第一、二腹节背面具长椭圆形黑斑，黑斑上长有毛瘤；各体节上的毛瘤暗黄色或暗黄褐色，其中一、二、八腹节背面毛瘤大而黑色，毛瘤上有黄褐色或浅黑褐色长毛；胸足褐色，腹足淡黑色。蛹：长12～18毫米，黄褐色。茧：椭圆形，长25～30毫米，灰褐色。（图2-89～图2-91）

3. **发生特点** 年发生2代，以3～4龄幼虫在树洞或树干基部树皮缝隙、杂草、落叶等杂物下结网群集越冬，翌年春上树危害芽

图2-89 折带黄毒蛾成虫

第二章　板栗害虫鉴别与无公害防治

图 2-90　折带黄毒蛾卵

图 2-91　折带黄毒蛾幼虫

叶。老熟幼虫 5 月底结茧化蛹，6 月中、下旬越冬代成虫羽化，交尾产卵，卵期 14 天左右。第一代幼虫 7 月初孵化，危害到 8 月底老熟化蛹。第一代成虫 9 月羽化，9 月下旬出现第二代幼虫，危害到秋末寻找合适场所越冬。成虫昼伏夜出，多产卵于叶背。幼虫孵化后多群集叶背危害，并吐丝结网群居枝上，老龄时多至树干基部、各种缝隙吐丝群集，多于早晨及黄昏取食。天敌有寄生蝇等 20 多种。

4. 防治要点

(1) 农业防治：冬、春季清除园内及四周落叶杂草，刮树皮，树干涂石灰水，以杀灭越冬幼虫。

(2) 发生季节及时摘除卵块或分散危害前摘叶，捕杀群集幼虫。

(3) 保护、利用天敌控制害虫发生。

(4) 药剂防治：低龄幼虫危害期叶面喷洒 80% 敌敌畏乳油或 48% 乐斯本乳油、50% 杀螟松乳油、50% 马拉硫磷乳油 1000 倍液；2.5% 敌杀死乳油或 20% 速灭杀丁乳油 3000～3500 倍液，10% 天王星乳油 4000 倍液或 52.25% 农地乐乳油 1500 倍液等。

三十二、舞毒蛾

舞毒蛾属鳞翅目，毒蛾科。学名：*Lymantria dispar* Linnaeus，又名柿毛虫、松针黄毒蛾、秋千毛虫，分布于全国各产区，危害栗、柿、苹果、柑橘等 500 余种植物的嫩芽和叶。

1. 危害特点　初孵幼虫群栖危害，稍大后分散危害，白天潜藏在树皮缝、枝杈、树下杂草等多种隐蔽场所，傍晚上树。幼虫蚕食叶片，严重时整树叶片被吃光。

2. 形态鉴别　成虫：雄虫体长 18～20 毫米，翅展 45～47 毫米，暗褐色，头黄褐色，触角羽状、褐色，前翅外缘色深呈带状，翅面上有4～5条深褐色波状横线，中室中央有1个黑褐色圆斑，中室端横脉上有1个黑褐色"<"形斑纹，外缘脉间有7～8个黑点，后翅色较淡，外缘色较浓，成带状；雌虫体长25～28毫米，翅展70～75毫米，污白微黄色，触角黑色、短羽状，前翅上的横线与斑纹与雄虫相似，暗褐色，后翅近外缘有1条褐色波状横线，外缘脉间有7个暗褐色点，腹部肥大，末端密生黄褐色鳞毛。卵：卵圆形，0.9～1.3毫米，黄褐色至灰褐色。幼虫：体长50～70毫米，头黄褐色，正面有"八"字形黑纹；胴部背面灰黑色，背线黄褐色，腹面带暗红色，胸、腹足暗红色；每体节各有6个毛瘤横列，背面中央的一对色艳，上生棕黑色短毛，两侧的毛瘤上生有黄白色与黑色长毛1束。蛹：长19～24毫米，红褐色至黑褐色。（图2-92～图2-97）。

图2-92 舞毒蛾雌成虫

图2-93 舞毒蛾雄成虫

图2-94 舞毒蛾卵块

图2-95 舞毒蛾低龄幼虫

第二章 板栗害虫鉴别与无公害防治

图2-96 舞毒蛾幼虫

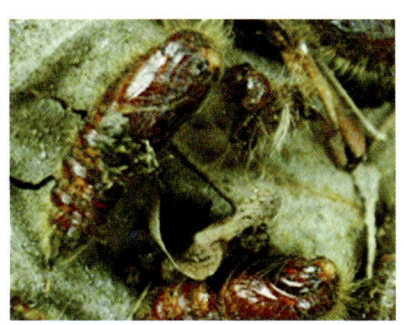

图2-97 舞毒蛾蛹

3. 发生特点 年发生1代，以卵块在树体上、树下砖石块等处越冬。寄主发芽时孵化。初龄幼虫日间多群栖，夜间取食，受惊扰吐丝下垂借风力扩散，故称秋千毛虫。稍大后分散取食，白天栖息在树杈、皮缝或树下土石缝中，傍晚成群上树取食。幼虫期50～60天，6月中、下旬陆续老熟，爬到隐蔽处结薄茧化蛹，蛹期10～15天。7月成虫大量羽化。成虫有趋光性，雄蛾白天在枝叶间飞舞；雌蛾体大、笨重，很少飞行，常在化蛹处附近产卵，在树上多产于枝干的阴面。卵400～500粒成块，形状不规则，上覆雌蛾腹末的黄褐色鳞毛。天敌主要有舞毒蛾黑瘤姬蜂、喜马拉亚聚瘤姬蜂、脊腿匙宗瘤姬蜂、舞毒蛾卵平腹小蜂、梳胫饰腹寄蝇、毛虫追寄蝇、隔离狭颊寄蝇等。

4. 防治要点

（1）农业防治：冬、春季清理树下砖石、土块，消灭越冬卵。幼虫发生期，利用幼虫白天下树潜伏习性，在树干基部堆砖石瓦块，诱集捕杀幼虫。

（2）保护和利用天敌防治。

（3）药剂防治：①在幼虫孵化盛期和分散危害前，喷洒90%晶体敌百虫或50%杀螟松乳油、50%辛硫磷乳油、90%巴丹可湿性粉剂1000倍液，80%敌敌畏乳油1000～1500倍液，2.5%溴氰菊酯乳油或20%速灭杀丁乳油、1.8%阿维菌素乳油、10%天王星乳油3000倍液、52.25%农地乐乳油1500～2000倍液；②于傍晚幼虫上树前，在树干上喷洒高效低毒低残留残效期长的触杀剂，或在树干上涂50～60厘米宽的药带，毒杀幼虫。

三十三、褐角肩网蝽

褐角肩网蝽属半翅目，网蝽

科。学名：*Uhlerites debilis* Uhler，分布于安徽及周边产区，危害栗、栎等果、林木的芽和叶。

1. **危害特点**　成、若虫刺吸寄主植物的芽、叶及幼嫩部分汁液，致使受害叶表面出现白色斑点，重则叶片枯黄早落。

2. **形态鉴别**　成虫：体长2.5毫米，宽1.2毫米；触角灰黄色，顶端纺锤形，头部具小网室；前胸背板较宽，侧背板略上卷且宽于胸背，被网室；前翅宽椭圆形，端部合为一，中部至端部有1个明显的褐色"X"形斑。卵：长圆型，0.44毫米×0.17毫米，深褐色。若虫：末龄若虫体长2毫米，灰白色；头部有头刺5根，触角灰黄色；翅芽白色；腹侧第五至九节各有刺1对，腹背第三、五、六、八节上各有粗黑刺1根。（图2-98）

图2-98　褐角肩网蝽成虫

3. **发生特点**　安徽地区年发生3代，以成虫于枯枝落叶和土块、石缝等隐蔽处越冬。越冬成虫4月下旬开始活动，产卵于叶背主脉表皮下，卵期21～28天。初孵若虫群集叶背主脉两侧危害，排泄物黑色、胶状，黏附于叶背。若虫喜群集，成虫期长，世代重叠。此虫第一代多在寄主下部危害，沟边和屋旁栎类受害较重。

4. **防治要点**

（1）农业防治：9月在树干上绑草诱集越冬成虫；冬、春季彻底清除树干上的束草、园内杂草、落叶，集中烧毁，消灭越冬虫源。

（2）药剂防治：4月中、下旬至5月下旬越冬成虫出蛰后及一代若虫孵化盛期，及时喷洒50%马拉硫磷乳油或90%晶体敌百虫1000～100倍液，50%敌敌畏乳油或40%辛硫磷乳油1000倍液，52.25%农地乐乳油2000倍液，2.5%功夫乳油或20%灭扫利乳油2000倍液等。

三十四、硕蝽

硕蝽属半翅目，蝽科。学名：*Eurostus validus* Dallas，分布于全国各栗产区，危害栗、栎类的嫩梢和叶。

1. **危害特点**　成、若虫吸食嫩梢和叶片汁液，使梢凋萎，终致焦枯，使叶片失绿发白。其对板栗苗期的生长影响较大。

2. **形态鉴别**　成虫：体长

23～31毫米，宽11～14毫米，长卵圆形，棕红色，密布浅细刻点；头小，三角形；触角黑色；前盾片前缘带蓝绿光，小盾片近三角形，两侧缘蓝绿色，末端翘起呈小匙状；足深栗色。卵：扁桶形，灰绿色。若虫：末龄若虫体长19～25毫米，宽11～15毫米，黄绿色至淡绿色；翅芽发达，延伸至第三腹节背面。（图2-99）

图2-99 硕蝽成虫

3. 发生特点 年发生1代，以4龄若虫在寄主附近杂木近地面的青绿叶背处蛰伏越冬。翌年4月上、中旬活动取食，5月中旬至6月下旬羽化，6月上旬至7月下旬产卵，成虫历期50天左右，6月下旬至8月初成虫陆续死去。卵多产在寄主植物附近的双子叶杂草叶背，少数直接产于寄主叶背。卵于6月中旬至8月中旬孵化，若虫孵化后爬散至寄主叶背主脉处吸食汁液，盛夏时滞育，躲在两叶相叠处，静伏不动。大龄若虫破坏性较大，嫩梢被害3～5天即显凋萎。10月上、中旬若虫陆续越冬。该蝽遇敌时能施放臭气，有较弱的假死性。

4. 防治要点

（1）农业防治：冬、春季清除园内落叶及园内外其他植物近地面脚叶；生长季节清除园内外杂草。

（2）药剂防治：4月若虫活动期和卵孵化前后，喷洒10%吡虫啉乳油或2.5%功夫乳油2000倍液，40%辛硫磷乳油或50%杀虫王乳油1000倍液、15%阿维菌素乳油2000倍液等。

三十五、栗剪枝象甲

栗剪枝象甲属鞘翅目，象甲科。学名：*Cyllorhynchites ursulus* Roelofs，分布于河南、河北、山东、辽宁等产区，危害板栗及栎类的果枝。

1. 危害特点 成虫产卵前，在距栗蓬2～5厘米处将结栗蓬的果枝咬断，但仍留一部分皮相连，使结栗蓬的果枝倒悬挂起，然后在栗蓬上咬一槽并产卵其中。幼虫先沿栗蓬皮层蛀食，最后蛀食果肉，致使虫道内充满虫粪，多致果实脱落。（图2-100）

2. 形态鉴别 成虫：雌成虫体长6.5～8.2毫米，宽2.9～3.2毫米，长椭圆形，触角着生在喙中间，体蓝黑色且有光泽，鞘翅上各有 10 行刻点纵沟；雄成虫喙背面刻点明显，触角着生于喙端部 2/5 处，前胸背板前区较宽，基部前外侧有一长尖的镰状齿。幼虫：体乳白色，弯曲，有皱纹。（图 2-101）

图 2-100　栗剪枝象甲危害状

图 2-101　栗剪枝象甲成虫

3. 发生特点　年发生 1 代，以幼虫在土中越冬。翌年 5 月幼虫化蛹。6 月上旬至下旬成虫羽化出土，交尾产卵。成虫白天在树冠下部取食嫩蓬，夜晚静栖，有假死性，受惊后落地，产卵于栗苞上。幼虫孵化后在栗蓬上取食，受害栗蓬一部分落地，一部分仍倒挂树上。幼虫先蛀食蓬皮而后蛀入果内，危害 30 余天，老熟后从栗实内脱出，入土筑室越冬。雌虫一生可剪断 40 多个果枝。

4. 防治要点

（1）农业防治：冬、春季深翻树盘，利用低温冻害和鸟食消灭越冬蛹；在成虫发生期利用其假死性，震落成虫，集中杀死；幼虫发生期随时捡拾落地果枝和栗蓬，集中烧毁或深埋。

（2）药剂防治：6 月上旬成虫出土前，地面喷洒 40% 辛硫磷乳油 1000 倍液、45% 马拉硫磷乳油 800 倍液、50% 杀螟硫磷乳油 1 500 倍液、20% 甲氰菊酯乳油或 2.5% 溴氰菊酯乳油 2000 倍液，或施撒 10% 辛硫磷颗粒剂，喷洒（施撒）后用齿耙将药土耙匀，毒杀未出土幼虫。成虫发生期叶面喷洒上述药剂防治。

三十六、大灰象甲

大灰象甲属鞘翅目，象甲科。学名：*Sympiezomias velatus* Chevrolat，又名大灰象鼻虫，分布于全国各栗产区，危害栗、枣、核桃、柑橘等果树的芽、叶。

1. 危害特点　成虫食害幼芽、嫩叶和嫩梢，重者吃光芽、叶。幼虫于土中食害地下组织。

2. **形态鉴别** 成虫：体长8~12毫米，灰黄色至灰黑色，密被灰白、灰黄、黄褐色鳞片；触角膝状，端部膨大呈棒状，着生于头管前端；头管短宽，背面具3条纵沟；前胸稍长，两侧略呈圆形，背面中央有1条纵沟；鞘翅略呈圆形，末端较尖，鞘翅上各有10条纵刻点列和不规则的"U"形黑褐色斑纹；雄虫鞘翅末端和腹末均较钝圆，雌虫均尖削；后翅退化；雌虫末节腹面有2个灰白色斑点，雄虫为黑白相间的横带。卵：长椭圆形，长1.2毫米，乳白色至黄褐色。幼虫：长约17毫米，乳白色，无足，胴部一至三节两侧各有毛瘤1个，其间有横列刚毛6根，其后各节各有横列刚毛8根；臀板近圆形，有刚毛4根。蛹：长约10毫米，乳白色至暗灰色。(图2-102)

图2-102　大灰象甲成虫

3. **发生特点** 年发生1代，少数寒冷地区2年完成1代，以成虫于土中越冬。翌年4月成虫开始出土活动，先危害杂草，而后爬到幼树、苗木上食害新芽、嫩叶，以4~5月危害最烈。成虫昼伏夜出，有假死性。6月成虫陆续产卵于叶上，多将叶缘纵合成饺子状，产卵于其中，卵期7天左右。幼虫孵化后入土生活，取食植物地下组织，至晚秋于土中化蛹，羽化后在土中越冬。2年完成1代者，第一年以幼虫越冬，第二年危害至秋季老熟化蛹、羽化，以成虫越冬。

4. **防治要点**

(1) 农业防治：冬、春季耕翻园地，利用低温、鸟食消灭越冬成虫；成虫发生期，早、晚张网震落成虫，捕杀之。

(2) 保护利用天敌。

(3) 药剂防治：① 4月成虫出土前和幼虫孵化入土前，树下撒施5%辛硫磷颗粒剂或50%辛硫磷乳油，每667平方米用0.3~0.4千克加细土30~40千克拌匀成毒土撒施，或稀释500~600倍液均匀喷于地面，施药后及时浅耙；② 卵孵化前后，叶面喷洒50%杀螟松乳油或45%马拉硫磷乳油、48%乐斯本乳油、52.25%农地乐乳油1500倍液，或2.5%溴氰菊酯乳油2000~3000倍液等。

三十七、木橑尺蠖

木橑尺蠖属鳞翅目，尺蛾科。学名：*Culcula panterinaria* Bremeret Grey，又名木橑尺蛾、洋槐尺蠖、木橑步曲、核桃尺蠖、吊死鬼、小大头虫、棍虫，除西藏、青海等产区未见报道外，其他各产区均有分布，危害栗、核桃、柿、木橑、苹果、山楂等果树的叶片。

1. 危害特点　幼虫食叶成缺刻或孔洞，重者把整枝叶片吃光。长江以北产区常局部重度发生，造成很大危害。

2. 形态鉴别　成虫：体长17～31毫米，翅展54～78毫米，翅体白色，头棕黄色；雌虫触角丝状，雄虫触角短羽状；胸背有棕黄色鳞毛，中央有1条浅灰色斑纹，前后翅均有不规则的灰色和橙色斑点，中室端部呈灰色不规则块状，在前后翅外缘线上各有1串橙色和深褐色圆斑；前翅基部有1个橙色大圆斑；雌虫腹部肥大，末端具棕黄色毛丛，雄虫腹瘦，末端鳞毛稀少。卵：椭圆形，初绿色渐变至黑色，数十粒成块，上覆棕黄色鳞毛。幼虫：体长70毫米左右，体色似树皮，体上布满灰白色颗粒小点；头部密布白色、琥珀色、褐色泡沫状突起，头顶两侧呈马鞍状突起；前胸盾前缘两侧各有1个突起，气门两侧各生1个白点；胴部第二至十节前缘亚背线处各有1个灰白色圆斑。蛹：长30～32毫米，黑褐色。（图2-103，图2-104）

3. 发生特点　华北地区年发生1代，浙江地区年发生2～3代，以蛹在树冠下土缝或园地土块、砖石等隐蔽场所越冬。华北地区5～8月成虫多于夜晚羽化，成虫昼伏夜出，趋光性较强。卵产于树皮缝或石块上，每雌产卵1000～3000粒，卵期9～11天。5月下旬至10月为幼虫发生期，8月危害严重。初孵幼虫有群集性，较活泼，可吐

图2-103　木橑尺蠖成虫

图2-104　木橑尺蠖幼虫

丝下垂借风力传播，2龄后分散危害。幼虫期40天左右，老熟后入土，多在3厘米深处群集化蛹越冬。

4．防治要点

（1）农业防治：冬、春季彻底清园，并翻耕园地，利用低温和鸟食消灭土中越冬蛹；幼虫发生期摇树振落捕杀幼虫；园内放养鸡、鸭啄食幼虫。

（2）成虫发生期，利用黑光灯诱杀成虫或清晨人工捕捉。

（3）药剂防治：各代幼虫孵化盛期，特别是第一代幼虫孵化期，喷洒50％速灭杀丁乳油2000～3000倍液或20％杀灭菊酯乳油3000倍液、50％杀螟松乳油1000倍液、90％晶体敌百虫800～1000倍液、50％辛硫磷乳油1200倍液等。依据物候期施药，第一次掌握在发芽初期，第二次在芽伸长35厘米时为宜。

三十八、黑额光叶甲

黑额光叶甲属鞘翅目，肖叶甲科。学名：*Smaragdina nigrifrons* Hope，分布全国各产区，危害栗、枣、花椒等果树的芽和叶。

1．危害特点
成虫食害嫩芽和叶片成孔洞或缺刻，重时可将生长点吃光，影响树冠生长。

2．形态鉴别
成虫：体长6.5～7毫米，宽3毫米，长方形至长卵圆形；头漆黑；前胸红褐色或黄褐色，光亮，有的生黑斑；三角形小盾片，鞘翅黄褐色至红褐色，鞘翅基部、中后部各具黑色宽横带1条；触角细短，基部4节黄褐色，其余黑色；雄虫腹面红褐色，雌虫腹面大部分呈黑色；本种背面黑斑、腹部颜色差异大；足基节、转节黄褐色，其余为黑色；头部在两复眼间横向下凹，头顶高凸；鞘翅刻点稀疏，呈不规则排列（图2-105）。

图2-105 黑额光叶甲成虫

3．发生特点
不详。

4．防治要点

（1）农业防治：利用成虫假死性，震落捕杀。

（2）药剂防治：成虫发生期，叶面喷洒40％毒死蜱乳油1000倍液或20％哒嗪硫磷乳油800～1000倍液、2.5％溴氰菊酯乳油3000倍液、10％氯氰菊酯乳油2000～3000倍液、20％氰戊菊酯乳油2000倍液等。

三十九、铜绿金龟

铜绿金龟属鞘翅目，丽金龟科。学名：*Anomala corpulenta* Motschulsky，又名铜绿丽金龟、淡绿金龟子、青金龟子，俗称铜克郎、金克郎、瞎碰等，除新疆、西藏、青海、甘肃等少数产区外，其他地区均有分布，危害板栗、杏、石榴、核桃、梨、苹果、葡萄、柑橘等果树的芽、叶和花。

1. **危害特点**　成虫主要危害嫩叶、幼芽及花器，食叶成孔洞或缺刻，危害顶芽可致主茎停止生长，易致花器脱落。幼虫危害地下组织。（图2-106）

图2-106　铜绿金龟危害状

2. **形态鉴别**　成虫：体长15~18毫米，宽8~10毫米，体铜绿色；头部较大，深铜绿色；触角9节，鳃叶状；前胸背板发达，闪光绿色；鞘翅为黄铜绿色，有光泽，并有不甚明显的隆起带；胸部腹板黄褐色，有细毛；腹部米黄色，雌虫腹面乳白色。卵：椭圆形，2.3毫米×2.2毫米，乳白色。幼虫：体长32毫米左右，头黄褐色，体乳白色，通称"蛴螬"。蛹：体长22~25毫米，淡黄色。（图2-107）

图2-107　铜绿金龟成虫

3. **发生特点**　年发生1代，以幼虫在土内越冬。翌春3月，幼虫上到表土层，5月化蛹，6月上旬至7月中旬为成虫危害盛期，危害期40天左右。6月下旬至7月中旬成虫产卵，卵多散产在4~14厘米的土层中，卵期7~13天。6月中旬至7月下旬幼虫孵化，危害至深秋，下移至深土层越冬。成虫昼伏夜出，飞行力强，有较强的趋光性和假死性，晚上交尾产卵、食叶危害，白天潜伏土中，喜欢栖息在深度7厘米左右的疏松潮湿的土壤里。幼虫在土壤中钻蛀，危害地下根部。

4. 防治要点

（1）农业防治：冬前耕翻园地，利用冰冻、日晒、鸟食消灭越冬幼虫。

（2）成虫发生期于傍晚摇动树枝，下铺布单或塑料薄膜，震落成虫捕杀之；或用黑光灯诱杀。

（3）药剂防治：①基肥里全面喷洒75%辛硫磷乳油或80%敌敌畏乳油、20%甲氰菊酯乳油1000～1500倍液，搅拌混匀，触杀幼虫；②成虫发生危害期，喷洒50%敌敌畏乳油或90%晶体敌百虫800～1000倍液、10%氯氰菊酯乳油1500～2000倍液、5%顺式氰戊菊酯乳油2000～3000倍液等，触杀成虫。

四十、苹毛丽金龟

苹毛丽金龟属鞘翅目，丽金龟科。学名：*Proagopertha lucidula* Faldermann，又名苹毛金龟子、长毛金龟子，分布于全国各产区，危害栗、樱桃、桃、杏、苹果、石榴等果树的叶、花和地下根系。

1. 危害特点
成虫食害嫩叶、芽及花器。幼虫危害地下组织。

2. 形态鉴别
成虫：体长8.9～12.5毫米，宽5.5～7.5毫米；卵圆形至长圆形，除鞘翅和小盾片外，全体密被黄白色绒毛；头胸部古铜色，有光泽；鞘翅茶褐色，具淡绿色光泽，上有纵列成行的细小点刻；触角9节，鳃叶状；从鞘翅上可透视出后翅折叠成"V"字形，腹部末端露出鞘翅。卵：椭圆形，长1.5毫米，乳白色至米黄色。幼虫：体长约15毫米，头黄褐色，体白色略泛黄色，通称"蛴螬"。蛹：12.5毫米×6.0毫米，黄褐色。（图2-108）

图2-108 苹毛丽金龟成虫

3. 发生特点
年发生1代，以成虫在土中越冬。翌春3月下旬成虫出土危害至5月下旬，主要危害蕾花，成虫发生期40～50天。4月中旬至5月上旬成虫产卵于土壤中，卵期20～30天。幼虫发生盛期为5月底至6月初，幼虫期60～80天，危害地下根系，7月底至8月下旬化蛹。9月中旬成虫羽化后即在土中越冬。成虫具假死性，喜食花器，一般先危害杏、桃、后转至栗、苹果、石榴上危害。卵多产于9～25厘米深且土质疏松的土层中。天敌有红尾伯劳、灰山椒鸟、黄鹂等益鸟和朝鲜小庭虎甲、深山虎甲、粗尾拟地甲及寄生蜂、寄生蝇、寄生菌等。

4. **防治要点** 此虫虫源来自多方面,特别是荒地虫量最多,故应以消灭成虫为主。

(1) 早、晚张网震落成虫,捕杀之。

(2) 保护利用天敌。

(3) 药剂防治:地面施药,控制潜土成虫。常用药剂有5%辛硫磷颗粒剂,每667平方米用3千克撒施;或50%辛硫磷乳油,每667平方米0.3~0.4千克加细土30~40千克拌匀成毒土撒施或稀释500~600倍液均匀喷于地面。使用辛硫磷后,应及时浅耙,提高防效。于果树开花前,喷洒52.25%农地乐乳油或50%杀螟松乳油、45%马拉硫磷乳油、48%乐斯本乳油1500倍液,或2.5%溴氰菊酯乳油2000~3000倍液等。

四十一、小青花金龟

小青花金龟属鞘翅目,花金龟科。学名:*Oxycetonia jucunda* Faldermann,又名小青花潜、银点花金龟、小青金龟子,除新疆未见报道外,其他地区均有分布,危害栗、苹果、梨、杏、桃等果树的嫩芽和花。

1. **危害特点** 成虫食害芽、花器和嫩叶。幼虫危害植物地下组织。

2. **形态鉴别** 成虫:体长11~16毫米,宽6~9毫米,长椭圆形,稍扁,背面暗绿、绿色或黑褐色,腹面黑褐色,体表密布淡黄色毛和点刻;头较小,黑褐色或黑色;前胸背板半椭圆形,前窄后宽,其上有3个白斑;小盾片三角状;鞘翅狭长,翅面上生有白色或黄白色绒斑。卵:椭圆形,1.7毫米×1.2毫米,乳白色至淡黄色。幼虫:体长32~36毫米,体乳白色,头部棕褐色或暗褐色,臀节肛腹片后部生刺状刚毛。蛹:长14毫米,淡黄白色至橙黄色。(图2-109)

图2-109 小青花金龟成虫

3. **发生特点** 年发生1代,北方以幼虫越冬,江南以幼虫、蛹或成虫越冬。以成虫越冬者,翌年4月上旬出土活动,4月下旬至6月盛发;以末龄幼虫越冬者,成虫于 5~9 月陆续出现,雨后出土多。成虫白天活动,喜食花器,春季多群集食害花和嫩叶,导致落花,并随寄主开花早晚转移危害;成虫飞行力强,具假死性,夜间多入土潜伏。卵散产在土中、杂草或落叶下,尤喜产于腐殖质多的场所。幼虫孵化后以腐殖质为食,并危害根部,老熟后化蛹于浅土层。

4. 防治要点

(1) 农业防治:冬、春季耕翻果园,利用低温和鸟食消灭地下幼虫;随时清除果园杂草、落叶;不在果园内堆放未腐熟的农家肥;春季开花期,张单震落成虫,捕杀之。

(2) 药剂防治:必要时叶面喷洒 2.5% 敌杀死乳油 1500 倍液或 5% 来福灵乳油 3000 倍液、25% 爱卡士乳油 1000 倍液、48% 乐斯本乳油 1500 倍液等。

四十二、樟蚕

樟蚕属鳞翅目,大蚕蛾科。学名:*Eriogyna pyretorum* Westwood,又名天蚕、枫蚕、渔丝蚕等,除西北、西南少数地区外,全国其他产区均有分布,主要危害栗树、樟树、银杏、枫树等林木和果树的芽、叶。

1. 危害特点

幼虫啃食叶片。低龄幼虫啃食叶肉,仅留表皮;随虫龄增大,食量大增,食叶成缺刻或仅剩下叶柄和主脉,严重时可将叶片全部吃光。

2. 形态鉴别

成虫:体长 32~35 毫米,翅展 100~115 毫米;翅灰褐色,翅近中部各有 1 个眼状纹,后翅臀角圆钝。卵:椭圆形,长 1.7 毫米,宽 1.1 毫米,初乳白色略显微蓝色,渐至浅灰黑色。幼虫:雌虫体长 95~100 毫米,雄虫体长 75~80 毫米,体黄绿色,背线、亚背线、气门线黄色,体被黄刺。茧:丝质,网状,红褐色。(图 2-110 ~ 图 2-113)

3. 发生特点

年发生 1 代,以蛹在枝干分权处及树皮缝隙等处结茧越冬。翌年成虫羽化期:广东地区为 1 月上旬至 2 月中旬;福建地区为 2 月上旬至 3 月上旬;浙江地区为 3 月上旬至 4 月上旬。成虫羽化的最适温度为 16~17℃。成虫有强趋光性,飞行力弱。卵块产于枝干上,几十粒至百余粒单层整齐排列,上被黑色绒毛,卵期 20 天。2~4 月幼虫相继活动,1~3 龄幼虫群集取食,4 龄以后分散危害,5 月下旬至 7 月下旬幼虫陆续老熟结茧化蛹。幼虫期约 80 天,经 8 个龄期:1 龄幼虫体黑色,头上丛生长而细的白毛,各环节的背面及体侧着生很多圆柱状瘤状突起,突起上生数根细毛;2 龄起虫体转青

图 2-110　樟蚕成虫

图 2-111　樟蚕卵

图 2-112　樟蚕成龄幼虫

图 2-113　樟蚕茧

色，头部为黑色，背线、亚背线、气门上线及气门下线均为深蓝色，突起上生有硬刺；3龄时虫体上具有稀少的小黑点；7龄时虫体背面变为黄色，腹面青色；8龄时瘤状突起上的硬刺均集中向上，柔软而有光泽，且失去分泌毒汁刺人的能力，老熟时全体略透明、浅青色，老熟后吐丝在树干上结茧。

4. 防治要点

（1）采茧灭蛹：利用该虫蛹期长、结茧密集的特点，于冬、春季组织人力将茧从树上撕下，脚踩、深埋、喂养家禽或烧毁。

（2）灯光诱杀：于2～3月成虫羽化盛期，用黑光灯诱杀成虫。

（3）生物防治：雨季初期喷洒白僵菌制剂，杀虫效果良好。

（4）化学防治：卵孵化盛期及低龄幼虫期（1～4龄）防治是关键。果园熏烟，用741敌敌畏插管烟剂于早晚静风时在果园内释放，防治效果较好。叶面喷药防治，可喷洒20%除虫脲悬浮剂2000倍液或65%敌百虫乳剂500～800倍液、40%辛硫磷乳油1000倍液、

20%二嗪磷乳油1500倍液、5%氟氯氰菊酯乳油2500～3000倍液、80%氟硅菊酯乳油3000～4000倍液等。

四十三、板栗巢沫蝉

板栗巢沫蝉属同翅目，巢沫虫单科。学名：*Taihorina* sp.，危害板栗幼芽和嫩叶。

1. 危害特点 其生活在石灰质巢管内自身分泌的泡沫液体中，群集于嫩梢部吸汁危害。（图2-114，图2-115）

2. 形态鉴别 成虫：体长4～5毫米，全体绿色，翅透明。卵：细长椭圆形，乳白色。若虫：橙褐色。（图2-116）

3. 发生特点 年发生1代，以卵在被害枝内越冬。6月上旬越冬卵孵化。7月间石灰质巢管大量形成，也是若虫危害高峰期。8月上旬成虫羽化，产卵于嫩枝条内。

4. 防治要点

（1）农业防治：冬、春季及时剪除产卵枯枝，集中处理。

（2）药剂防治：6～7月若虫集中危害时，重点于嫩梢部喷洒40%二嗪磷乳油1000倍液或50%辛硫磷乳油800倍液、50%毒死蜱乳油1500倍液、20%戊菊酯乳油1500～2000倍液、10%乙氰菊酯乳油800～1000倍液等。

图2-114 板栗巢沫蝉巢管

图2-115 板栗巢沫蝉危害状

图2-116 板栗巢沫蝉成虫

四十四、八点广翅蜡蝉

八点广翅蜡蝉属同翅目,广翅蜡蝉科。学名:*Ricania speculum* Walker,又名八点蜡蝉、八点光蝉、八斑蜡蝉、橘八点光蝉、咖啡黑褐蛾蜡蝉、黑羽衣、白雄鸡,除西北、东北少数地区外,全国其他产区均有分布,危害栗、樱桃、枣、桃、杏、石榴、柑橘等果树的枝、叶。

1. 危害特点 成、若虫刺吸嫩枝、芽、叶汁液;排泄物易引发病害;雌虫产卵时将产卵器刺入嫩枝茎内,破坏枝条组织,被害嫩枝轻则叶枯黄、长势弱且难以形成叶芽和花芽,重则枯死。(图2-117)

图2-117 八点广翅蜡蝉危害状

2. 形态鉴别 成虫:体长6~7毫米,翅展18~27毫米;头、胸部黑褐色;触角刚毛状;翅革质密布纵横网状脉纹;前翅宽大,略呈三角形,翅面被稀薄白色蜡粉,翅上具灰白色透明斑5~6个;后翅半透明,翅脉煤褐色,明显,中室端有1个白色透明斑。卵:长卵圆形,长1.2~1.4毫米,乳白色。若虫:低龄乳白色;成龄体长5~6毫米,宽3.5~4毫米,体略呈钝菱形,暗黄褐色;腹部末端有4束白色绵毛状蜡丝,呈扇状伸出,中间一对略长;蜡丝覆于体背以保护身体,常可呈孔雀开屏状,向上直立或伸向后方。(图2-118~图2-120)

3. 发生特点 年发生1代,以卵在当年生枝条里越冬。若虫5月中、下旬至6月上、中旬孵化,低龄若虫常数头排列于同一嫩枝上刺吸汁液危害,4龄后分散于枝梢叶果间,爬行迅速,善于跳跃,若虫期40~50天。7月上旬成虫羽化,飞行力较强且迅速,寿命50~70天,危害至10月。成虫产卵期30~40天,卵产于当年生嫩枝木质部内,产卵孔排成一纵列,孔外带出部分木丝并覆有白色絮状蜡丝,极易发现与识别。成虫有趋聚产卵的习性,虫量大时被害枝上刺满产卵迹痕。

4. 防治要点

(1)农业防治:冬、春季剪除被害产卵枝,集中烧毁,减少越冬虫源。

(2)药剂防治:虫量多时,于6月中旬至7月上旬若虫羽化危

第二章 板栗害虫鉴别与无公害防治

图2-118 八点广翅蜡蝉成虫

图2-119 八点广翅蜡蝉成虫产卵枝

图2-120 八点广翅蜡蝉若虫

害期,喷洒48%乐斯本乳油1000倍液或10%吡虫啉可湿性粉剂3000～4000倍液、10%氯菊酯乳油2000倍液等。药液中加入含油量0.3%～0.4%的柴油乳剂或黏土柴油乳剂,可溶解虫体蜡粉,显著提高防效。

四十五、柿广翅蜡蝉

柿广翅蜡蝉属同翅目,广翅蜡蝉科。学名:*Ricania sublimbata* Jacobi,分布全国各产区,危害板栗、柿、山楂、梨、苹果、桃、李、柑橘等果树的枝、芽、叶。

1. 危害特点 成虫、若虫群集嫩枝、芽、叶背,刺吸汁液;成虫产卵于当年生枝条内,影响枝条生长和叶片光合作用,重者造成产卵部以上枯枝、落叶、落果。

2. 形态鉴别 成虫:体长8.5～10毫米,翅展24～36毫米;头、胸背面及腹面深褐色,腹部基部黄褐色;前翅宽阔多纵脉,烟褐色,前缘外1/3处有1个三角形或半圆形透明斑;后翅为暗褐色,半透明。卵:长卵形,长0.8～1.2毫米,乳白色。若虫:体长3～6毫米,略呈钝菱形,翅芽处最宽,疏被白色蜡粉;腹部末端有10条白色绵毛状蜡丝,呈扇状伸出,蜡丝长6～15毫米,常可以孔雀开屏状向上直立或伸向后方,保护身体;1～4龄若虫白色;5龄若虫中胸背板及腹背面为灰黑色,头、胸、腹、足均为白色,中胸背板有

3个白斑,斑中有1个小黑点,呈倒"品"字形排列。(图2-121～图2-124)

3. **发生特点** 南方年发生2代,以卵于当年生枝条内越冬。越冬卵4月上旬孵化,4月中旬至6月上旬若虫盛发,6月下旬至8月上旬成虫发生,7月中旬至8月中旬产卵。第一代若虫盛发期在8～9月,成虫发生期在9～10月,产卵期在9月上旬至10月下旬。低龄若虫群集危害,稍大后分散,白天活动。成虫羽化初体白色,渐变为黑褐色,飞行能力强,善跳跃,产卵于当年生、直径3～6毫米嫩枝背面光滑处及叶柄、果柄、叶背叶脉的皮层内,产卵孔外带出部分木丝并覆有白色绵毛状蜡丝。成虫寿命50～70天,危害至秋后陆续死亡。

4. **防治要点**

(1)农业防治:冬、春季剪除被害产卵枝并清除果园杂草和四周的杂灌,集中烧毁,以减少虫源。

图2-121 柿广翅蜡蝉成虫

图2-122 柿广翅蜡蝉若虫

图2-123 柿广翅蜡蝉产卵枝

图2-124 柿广翅蜡蝉产卵叶脉

(2) 药剂防治：在两代低龄若虫发生危害期，喷洒48%毒死蜱乳油1000倍液或10%吡虫啉可湿性粉剂3000～5000倍液、10%氯菊酯乳油2000～2500倍液、2%氟丙菊酯乳油1500～2000倍液等。药液中加入含油量0.3%～0.4%的柴油乳剂或黏土柴油乳剂可溶解虫体蜡粉，显著提高防效。

四十六、大青叶蝉

大青叶蝉属同翅目，叶蝉科。学名：*Cicadella viridis* Linnaeus，又名青叶跳蝉、青叶蝉、大绿浮尘子、桑浮尘子，分布于全国各地，危害栗、苹果、梨、桃、李等160余种植物的叶。

1. 危害特点 成、若虫刺吸叶片汁液，造成褪色、畸形、卷缩，甚至全叶枯死，并传播病毒病。

2. 形态鉴别 成虫：体长7～10毫米，雄虫较雌虫略小，青绿色；头橙黄色，左右各具1个小黑斑；前翅革质，绿色，微带青蓝，端部色淡近半透明；前翅反面、后翅和腹背均黑色，腹面橙黄色。卵：长卵圆形，长约1.6毫米，乳白色至黄白色。若虫：与成虫相似，初灰白色，渐变为黄绿色，老熟时体长6～8毫米，胸腹背面有4条褐色纵纹，出现翅芽。（图2-125，图2-126）

3. 发生特点 北方地区年发生3代，以卵于枝条表皮下越冬。翌年4月孵化，若虫期30～50天。各代发生期为：第一代4月上旬至7月上旬，成虫5月下旬出现；第二代6月上旬至8月中旬，成虫7月出现；第三代7月中旬至11月中旬，成虫9月出现。世代重叠明显。成虫有趋光性，产卵于寄主植物茎秆、叶柄、主脉、枝条等组织内。卵粒排列整齐，产卵处的植物表皮成肾形凸起，卵期9～15天。

图 2-125 大青叶蝉成虫

图 2-126 大青叶蝉卵

成、若虫日夜均活动取食，春、夏季主要危害花卉、农作物及杂草等植物，10月中旬后第三代成虫陆续转移到林果木上危害，并产卵于枝条内，以卵越冬。

4. 防治要点

（1）农业防治：冬、春季检查并剪除有卵枝条，集中烧毁；夏季灯光诱杀第二代成虫，减少第三代的发生。

（2）药剂防治：成、若虫危害花卉及禾本科植物时，及时喷撒2.5%敌百虫粉剂或2%叶蝉散粉剂，每667平方米2千克。果树上喷洒10%大功臣可湿性粉剂3000倍液、52.25%农地乐乳油或20%多来宝乳油1500倍液、2.5%敌杀死乳油2000～3000倍液等。

四十七、六星吉丁虫

六星吉丁虫属鞘翅目，吉丁虫科。学名：*Chrysobothris succedanea* Saunders，又名六星金蛀甲、六斑吉丁虫、溜皮虫、串皮虫，除西藏、新疆未见报道外，其他各省均有分布，危害栗、枣、苹果、桃、樱桃、枇杷等果树的枝干。

1. 危害特点
幼虫蛀食枝干皮层及木质部，在枝干皮层内盘旋，使木质部与韧皮部内外分离。被害部表皮变成褐色，稍凹陷，常流出红褐色树液，皮层干裂枯死。危害严重时整株枯死。成虫食叶成缺刻或孔洞。（图2-127）

2. 形态鉴别
成虫：体长11～14毫米，宽约5毫米，头、前胸背板、鞘翅赤铜色，具紫红色闪光；触角11节；小盾片三角形；鞘翅上有4条光洁的纵脊，鞘缝隆起光洁；翅基、翅中央约2/3处各有1个凹陷的金斑，具赤铜色闪光；鞘翅端钝圆，侧缘2/5处至端部呈不规则的锯齿状，腹面铜绿色至赤铜色。卵：乳白色，椭圆形。幼虫：体长16～26毫米，体扁，头小；腹部白色，第一节特别膨大，中央有黄褐色"人"形纹，第三、四节短小，以后各节比三、四节大。蛹：乳白色。（图2-128～图2-130）

3. 发生特点
年发生1代，以幼虫在木质部内越冬。5月中下旬羽化为成虫，中午觅偶交尾。卵多产在主干分杈和树皮裂缝中，卵期20天左右。6月下旬至7月初幼虫孵化，蛀食树干韧皮部，至8月下旬进入木质部约15毫米深，幼虫期270天左右。成虫也咬食枝叶，以补充营养。天敌有啄木鸟、寄生蜂等。

4. 防治要点
（1）农业防治：加强综合管理，增强树势，避免产生伤口和日灼；成虫羽化前及时清除死树、枯枝，

图 2-127 六星吉丁虫危害状

图 2-128 六星吉丁虫成虫

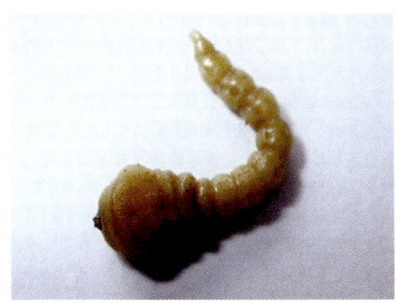

图 2-129 六星吉丁虫幼虫

图 2-130 六星吉丁虫蛹

消灭其中虫体，减少虫源；成虫发生期，于清晨在树下铺塑料膜，震落成虫，集中捕杀之，隔 3～5 天震 1 次效果较好。

（2）保护、利用天敌。

（3）药剂防治：成虫羽化初期，枝干上涂刷辛硫磷乳油、马拉硫磷乳油、菊酯类药剂或其复配药剂 200～300 倍液，触杀效果良好，隔 15 天涂 1 次，连涂 2～3 次。成虫出树后、产卵前，喷洒 48%乐斯本乳油或 50%杀螟松乳油 1000 倍液，10%灭百可乳油或 52.25%农地乐乳油 1500 倍液等。

四十八、栗绛蚧

栗绛蚧属同翅目，红蚧科。学名：*Kermes nawae* Kuwana，分布于全国各产区，危害板栗等果树的枝干。

1. 危害特点 若虫和雌成虫固贴在板栗 1 年生枝梢上吸汁危害，导致延迟萌芽和长叶，树势生长衰弱，重致枝干及整树枯死。（图 2-131）

2. 形态鉴别 成虫：雌成虫介壳球形，长5.7～6.7毫米，初嫩绿色至黄绿色，稍扁，老熟后膨大成球形，深褐色，有光泽，上有黑褐色不规则圆形或椭圆形斑。若虫：体椭圆形，长0.3毫米，肉黄色。（图2-132）

图2-131 栗绛蚧危害状

图2-132 栗绛蚧成虫

3. 发生特点 年发生1代，以若虫在树枝的裂缝、芽痕等隐蔽处越冬。翌年3月上旬日平均气温达10℃以上时，越冬若虫出蛰取食。3月中旬以后，部分若虫蜕皮变为雌成虫，继续取食危害，是栗绛蚧的主要危害期。雌成虫在4月上、中旬体积增大较快。卵在母蚧体内孵化。5月中旬至6月上旬日平均气温26℃左右、天气晴朗时，初孵若虫陆续从母蚧体内爬出并扩散，母蚧腹面留下大量白色碎屑状卵壳。

4. 防治要点

（1）农业防治：3～4月重剪有虫枝条，携出园外集中烧毁，同时加强肥水管理，促发新芽。

（2）药剂防治：3月中、下旬，在树干距地面50厘米高处刮除老皮，形成20厘米宽的环状，于环处涂抹40%辛硫磷乳油500倍液加柴油（按1∶5的比例混合）、50%乐果乳油500倍液或20%哒嗪硫磷乳油200倍液等，涂后用塑料薄膜包扎。5月中、下旬树体喷洒10%氯菊酯乳油1500～2000倍液，10%乙氰菊酯乳油800～1000倍液、5%氟啶脲乳油1500～2000倍液，松碱合剂16～20倍液或茶饼松碱合剂16～20倍液等，10～15天使用1次，连续2～3次。

四十九、栗链蚧

栗链蚧属同翅目，链蚧科。学名：*Asterolecanium grandiculum* Russell，分布于全国栗产区，危害板栗的枝条和叶片。

1. 危害特点 若虫和雌成虫固贴在叶片和枝条上刺吸汁液，致使受害叶片和受害枝条表面凹凸不平,表皮皱缩开裂,轻则不能正常抽出健壮的母枝,重则全枝枯死。

2. 形态鉴别　成虫:雌成虫略呈圆形,黄绿色或黄褐色,透明,直径1～2毫米,背面突起,有3条纵脊及不明显的横带。若虫:初孵若虫椭圆形,暗红色,长约0.3毫米,口器发达(图2-133)。

3. 发生特点　年发生2代,以受精雌成虫在1年生枝条上越冬。翌年3月下旬气温回升时越冬虫开始活动。5月上、中旬是第一代若虫孵化盛期,6月中旬为第二代若虫孵化盛期。

4. 防治要点

(1) 农业防治:冬、春季剪除有虫枝条,消灭越冬虫源。

(2) 药剂防治:若虫孵化盛期为树冠喷药防治的关键期,可喷洒1.8%杀虫双水剂800倍液、25%溴氰菊酯乳油1500倍液、5%顺式氰戊菊酯乳油3000～4000倍液、40%辛硫磷乳油1000倍液等。对于树冠高大、喷雾困难的栗树,可以采用打孔注药的方法进行防治,以40%二嗪磷乳油原液或48%毒死蜱乳油原液兑水1:1,打孔注药。该措施能抑制栗链蚧虫口密度,且对天敌的影响较小。

五十、草履蚧

草履蚧属同翅目,绵蚧科。学名:*Drosicha corpulenta* Kuwana,又名柿草履蚧、草履硕蚧、草鞋蚧壳虫,分布全国各产区,危害栗、樱桃、柿、桃、杏、石榴、苹果、柑橘等果树的枝、干。

1. 危害特点　若虫和雌成虫刺吸嫩枝芽、叶、枝干和根的汁液,削弱树势,重者致树枯死。(图2-134)

图2-133　栗链蚧

图2-134　草履蚧危害状

2. **形态鉴别** 成虫：雌体长10毫米，扁平椭圆形，背面隆起似草鞋，体背淡灰紫色，周缘淡黄，体被白蜡粉和许多微毛，触角黑色丝状，腹部8节，腹面有横皱褶和纵沟；雄体长5～6毫米，翅展9～11毫米，头、胸黑色，腹部深紫红色，触角黑色念珠状，前翅紫黑色至黑色，后翅特化为平衡棒。卵：椭圆形，长1～1.2毫米，淡黄褐色；卵囊长椭圆形，白色，绵状。若虫：体形与雌成虫相似，体小，色深。雄蛹：褐色，圆筒形，长5～6毫米。（图2-135～图2-138）

3. **发生特点** 年发生1代，以卵和若虫在土缝、石块下或10～12厘米深的土层中越冬。卵于2月至3月上旬孵化为若虫并出土上树，初多于嫩枝、幼芽上危害，行动迟缓，喜于皮缝、枝杈等隐蔽处群栖，稍大喜于较粗的枝条阴面群集危害；雌若虫5月中旬至6月上旬羽化，危害至6月陆续下树入土分泌卵囊，产卵于其中，以卵越夏、越冬。天敌有红环瓢虫、暗红瓢虫等。

图2-135 草履蚧雌成虫

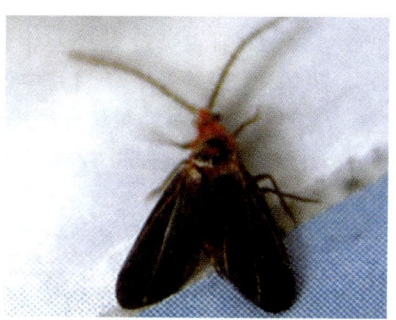

图2-136 草履蚧雄成虫

图2-137 草履蚧卵

图2-138 草履蚧若虫

4. 防治要点

（1）雌成虫下树产卵前，在树干基部挖坑，内放杂草等诱集产卵，后集中处理。

（2）阻止初龄若虫上树：若虫上树前将树干老翘皮刮除10厘米宽1周，上涂胶或废机油，隔10～15天涂1次，持续涂2～3次，注意及时清除环下的若虫。树干光滑者可直接涂。

（3）保护、利用天敌。

（4）药剂防治：若虫发生期喷洒48%乐斯本乳油1500倍液或50%辛硫磷乳油1000倍液、2.5%敌杀死乳油2000倍液、5%来福灵乳油2000～3000倍液，隔7～10天喷1次，连续防治3～4次。

五十一、康氏粉蚧

康氏粉蚧属同翅目，粉蚧科。学名：*Pseudococcus comstocki* Kuwana，又名梨粉蚧、李粉蚧、桑粉蚧，分布全国各产区，危害栗、樱桃、柿、枣、石榴、苹果、梨、桃、柑橘等果树的枝、叶。

1. 危害特点

成、若虫刺吸植物的幼芽、嫩枝、叶片、果实和根部的汁液，嫩枝和根部受害常肿胀且易纵裂而枯死，幼果受害多成畸形果；排泄物常引发煤污病，影响光合作用。

2. 形态鉴别

成虫：雌体长3～5毫米，扁平椭圆形，体粉红色，表面被有白色蜡质物，体缘具有17对白色蜡丝，体前端的蜡丝较短，后端稍长，而最末一对特长，几乎与体长相等。雄体长约1毫米，紫褐色，翅透明，仅1对，翅展约2毫米，后翅退化成平衡棒。卵：椭圆形，长约0.3毫米，浅橙黄色。若虫：体扁平椭圆形，长约0.4毫米，淡黄色，外形似雌成虫。蛹：浅紫色，仅雄虫有蛹期。（图2-139～图2-141）

图2-139　康氏粉蚧雌成虫

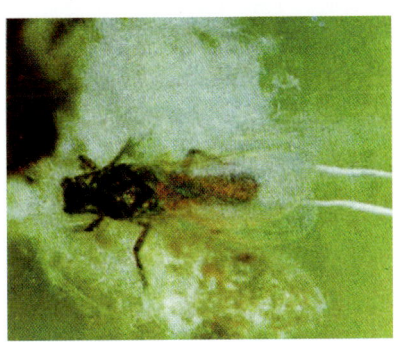

图2-140　康氏粉蚧雄成虫

图 2-141　康氏粉蚧若虫

3. 发生特点　黄淮地区年发生 3 代。以卵在树干、枝条粗皮缝隙或石缝土块中以及其他隐蔽场所越冬。翌年春果树发芽时，越冬卵孵化成若虫，开始危害幼嫩部分。第一代若虫发生在 5 月中、下旬，第二代若虫发生在 7 月中、下旬，第三代若虫发生在 8 月下旬。雌成虫在枝干粗皮裂缝内或果实萼筒柄洼等处产卵，有的将卵产在土内。在产卵时，雌成虫分泌大量絮状蜡质卵囊，卵即产在其中，数十粒集中成块。天敌有草蛉、瓢虫等。

4. 防治要点

（1）农业和生物防治：晚秋树干束草或绑扎破麻袋，诱雌成虫产卵，于翌年春卵孵化之前将草束等物取下烧毁。冬、春季刮树皮或用硬毛刷子刷除越冬卵，集中烧毁或深埋。有条件的地区，可人工饲养和释放捕食性草蛉、瓢虫等天敌。

（2）药剂防治：①早春喷施 5% 轻柴油乳剂或 3～5 波美度石硫合剂；②在各代若虫孵化期喷洒 50% 敌敌畏乳油 1200 倍液或 90% 晶体敌百虫 1500 倍液，50% 速灭松乳油或 10% 醚菊酯乳油 1000 倍液等。

五十二、枣龟蜡蚧

枣龟蜡蚧属同翅目，蜡蚧科。学名：*Ceroplastes japonicus* Green，又名日本蜡蚧、日本龟蜡蚧、龟蜡蚧、龟甲蜡蚧，俗称枣虱子，除新疆、西藏未见报道外，其他各产区均有发生，危害栗、枣、柿、桃、杏、石榴、柑橘等果树的枝、叶。

1. 危害特点　若虫固贴在叶面上吸食汁液；排泄物布满枝叶，7～8 月间的雨季易引起大量煤污菌寄生，使叶、枝条、果实布满黑霉，影响光合作用和果实生长。（图 2-142）

图 2-142　枣龟蜡蚧危害枝条

2. 形态鉴别　成虫：雌体椭圆形，紫红色，背覆白蜡质蚧壳，表面有龟状凹纹，体长约3毫米，宽2~2.5毫米；雄体长1.3毫米，翅展2.2毫米，体棕褐色，头及前胸背板色深，触角丝状，翅1对白色透明。卵：椭圆形，长径约0.3毫米，橙黄色至紫红色。若虫：体扁平椭圆形，长0.5毫米，后期虫体周围出现白色蜡壳，周边有12~15个蜡角。蛹：仅雄虫在介壳下化为裸蛹，梭形，棕褐色。（图2-143，图2-144）

图2-143　枣龟蜡蚧雌成虫

图2-144　枣龟蜡蚧若虫介壳

3. 发生特点　年发生1代，以受精雌虫密集在1~2年生小枝上越冬。越冬雌虫4月初开始取食，5月下旬至7月中旬产卵，卵期10~24天，6月中旬至7月上旬孵化；初孵若虫多爬到嫩枝、叶柄、叶面上固着取食，8月初雌、雄开始性分化，8月下旬至10月上旬雄虫羽化，交配后即死亡，雌虫陆续由叶转到枝上固着危害，至秋后越冬。卵孵化期间，空气湿度大，气温正常，卵的孵化率和若虫成活率高。天敌有瓢虫、草蛉、长盾金小蜂、姬小蜂等。

4. 防治要点　防治关键期是雌虫越冬期和夏季若虫前期。

（1）农业防治：从11月至翌年3月刮刷树皮裂缝中的越冬雌成虫，剪除虫枝；冬、春季遇雨雪天气，及时敲打树枝震落冰凌，可使越冬雌虫随冰凌震落。

（2）保护、利用天敌。

（3）药剂防治：在6月末、7月初，喷洒50%西维因可湿性粉剂400~500倍液或50%敌敌畏乳油1000倍液、20%甲氰菊酯乳油3000~4000倍液等；秋后或早春喷洒5%的柴油乳剂防效好。

五十三、板栗透翅蛾

板栗透翅蛾属鳞翅目，透翅蛾科。学名：*Aegeria molybdoceps*

Hampson，又名赤腰透翅蛾，分布于山东、江苏等产区，危害栗树的枝、干。

1. **危害特点** 幼虫串食枝干皮层，尤以主干中、下部受害重，可致整株枯死。（图2-145）

2. **形态鉴别** 成虫：体长15～21毫米，翅展37～42毫米，形似马蜂；触角两端尖细；头部、中胸背板橘黄色；雌虫腹部第一、四、五节及雄虫腹部第一节有橘黄色横带，第二、三腹节赤褐色，末节橘黄色；翅透明，脉和缘毛茶褐色。卵：扁椭圆形，长0.9毫米，淡红褐色。幼虫：体长41毫米左右，污白色，头褐色，前胸盾具褐色倒"八"字纹，臀板褐色。蛹：长14～18毫米，黄褐色。（图2-146，图2-147）

3. **发生特点** 年发生1代，少数地区2年完成1代。以2龄幼虫在危害处越冬。翌年3月中、下旬幼虫开始危害，5～7月进入危害盛期，7月中、下旬老熟作茧化蛹。8月上、中旬至9月上旬成虫羽化，白天活动，有趋光性。卵散产在大树主干下部树皮裂缝内或虫孔旁边，卵期15天左右。8月下旬至9月中、下旬孵化，孵化后即蛀入皮内危害，10月上旬达2龄后开始越冬。2年完成1代者幼虫第三年化蛹羽化。

图2-145 板栗透翅蛾幼虫危害状

图2-146 板栗透翅蛾成虫

图2-147 板栗透翅蛾幼虫

4. **防治要点**

（1）农业防治：加强管理，增强树势；保护树体，减少伤口，减轻危害；成虫产卵前涂刷涂白剂，以防产卵；9月中旬卵孵化盛期刮除树干上的粗糙翘皮，集中烧毁，消灭初孵幼虫和卵。

(2) 药剂防治：3～4月用煤敌溶液（煤油1～1.5千克加入80%敌敌畏乳油50克）涂抹枝干被害处，杀虫率高达95%；成虫盛发期在树干喷洒40%辛硫磷乳油1000倍液或50%杀螟松乳油800倍液，50%辛·溴乳油或20%灭杀毙乳油2000倍液等。

五十四、栗山天牛

栗山天牛属鞘翅目，天牛科。学名：*Mallambyx raddei* Blessig，分布于全国各产区，危害栗树、苹果、梨、梅等果树的枝干。

1. 危害特点 幼虫先蛀食皮层，而后蛀入木质部，纵横回旋蛀食并向外蛀孔通气及排出粪便和木屑，引起枝干枯死，易被风折断。

2. 形态鉴别 成虫：体长40～48毫米，宽10～15毫米，灰褐色，披棕黄色短毛；触角11节，近黑色，约为体长的1.5倍；头顶中央有1条深纵沟；前胸两侧较圆，有皱纹，背面有许多不规则横皱纹；鞘翅周缘有细黑边，后缘呈圆弧形，内缘角生尖刺；足细长。幼虫：体长约70毫米，乳白色，疏生细毛；头部较小，淡黄褐色；胴部13节；背板淡褐色，前半部横列2个"凹"形纹。蛹：长约45～50毫米，黄褐色。（图2-148，图2-149）

3. 发生特点 2～3年完成1代，以幼虫在虫道内越冬。成虫7～8月发生，多产卵于10～30年生大树、3米以上部位的枝干上，产卵前先咬破树皮成槽，将卵产于槽内，每槽1粒。幼虫孵出后即蛀食皮层，而后蛀入木质部，纵横回旋蛀食，并向外蛀通气孔和排粪孔，将粪和木屑排出孔外，危害至晚秋在虫道内越冬，次年4月继续危害，老熟后在虫道端部蛀椭圆形蛹

图2-148 栗山天牛成虫

图2-149 栗山天牛幼虫

室化蛹，羽化后咬一孔脱出。

4. 防治要点

（1）农业防治：成虫发生期捕杀成虫。

（2）药剂防治：在成虫羽化产卵期喷洒40%辛硫磷乳油或80%敌敌畏乳油、90%晶体敌百虫1000倍液、2.5%溴氰菊酯乳油2000～2500倍液、20%甲氰菊酯乳油2500～3000倍液等，重点喷洒树干至淋洗状态，毒化树皮，毒杀咬产卵槽的成虫或槽内的初孵幼虫。

五十五、薄翅锯天牛

薄翅锯天牛属鞘翅目，天牛科。学名：*Megopis sinica* White，又名中华薄翅天牛、薄翅天牛、大棕天牛，除西北、东北少数地区外，全国其他产区均有分布，危害栗、苹果、山楂、枣、柿、核桃等果树的枝干。

1. 危害特点

幼虫于枝干皮层和木质部内蛀食，隧道走向不规律且充满粪屑，可削弱树势，重者致树枯死。

2. 形态鉴别

成虫：体长30～52毫米，宽8.5～14.5毫米，略扁，红褐色至暗褐色；头部密布颗粒状小点和灰黄色细短毛，触角丝状；前胸背板密布刻点、颗粒和灰黄色短毛，鞘翅扁平，基部宽于前胸，向后渐狭，左右各具3条纵隆线；后胸腹板被密毛；雌虫腹末常伸出很长的伪产卵管。卵：长椭圆形，长约4毫米，乳白色。幼虫：体长约70毫米，乳白色至淡黄白色；头黄褐，大部分缩入前胸内；胴部13节，第一节最宽，背板淡黄，中央生1条淡黄色纵线，第二至十节背面和四至十节腹面有小颗粒状突起；具3对极小的胸足。蛹：长35～55毫米，初乳白色，渐变为黄褐色。（图2-150）

图2-150 薄翅锯天牛成虫

3. 发生特点

2～3年完成1代，以幼虫于隧道内越冬。寄主萌动时幼虫开始危害，落叶时休眠越冬。6～8月成虫出现，喜于衰弱、枯老树上产卵，多产于树皮外伤、缝隙和被病虫侵害之处。幼虫孵化后蛀入皮层，斜向蛀入木质部后再向上或向下蛀食，隧道较宽、不规则，隧道内充满粪便与木屑。幼虫老熟时多蛀到接近树皮处，蛀椭圆形蛹室并于其内化蛹。成虫羽化后向外咬圆形羽化孔爬出。

4. 防治要点

（1）农业防治：加强综合管理，增强树势，及时去除衰弱枯死枝并集中处理，减少树体伤口。注意伤口涂药消毒保护，以减少成虫产卵。产卵后期刮除粗翘皮，消灭卵和初孵幼虫，刮皮后应涂消毒保护剂。用细铁丝插入新鲜的排粪孔，刺杀蛀道内幼虫。

（2）药剂防治：成虫产卵前，在干枝上喷洒40%辛硫磷乳油或20%辛·氰乳油、10%大功臣乳油、5%氟虫脲乳油80～100倍液等；用注射器向新鲜排粪孔注射上述药液，每孔最多注10毫升，注后用湿泥封孔。

五十六、核桃天牛

核桃天牛属鞘翅目，天牛科。学名：*Batocera horsfieldi* Hope，又名核桃大天牛、云斑天牛、白条天牛等，分布于全国各产区，危害栗、核桃、无花果、苹果、山楂、梨、枇杷等果树的枝干。

1. 危害特点

成虫食叶和嫩枝皮，幼虫蛀食枝干皮层和木质部，可削弱树势，重者致枝或全树枯死。（图2-151）

2. 形态鉴别

成虫：体长57～97毫米，宽17～22毫米，黑

图2-151 核桃天牛危害状

褐色；前胸背板有2个肾状白斑，小盾片白色；鞘翅基部1/4处密布黑色颗粒，翅面上具不规则白色云状毛斑，略呈2～3纵行；体腹面两侧从复眼后到腹末具白色纵带1条。卵：长椭圆形，长7～9毫米，白色至土褐色。幼虫：体长74～100毫米，稍扁，黄白色；头稍扁平，深褐色，长方形，1/2缩入前胸，外露部分近黑色；前胸背板近方形，橙黄色，中后部两侧各具纵凹1条，并具暗褐色颗粒状突起，背板两侧白色，上具橙黄色半月形斑1个；后胸和第一至七腹节背、腹面具"口"形骨化区。蛹：长40～70毫米，初乳白色，渐变为黄褐色。（图2-152～图2-154）

3. 发生特点

2～3年完成1代，以成虫或幼虫在蛀道中越冬。越冬成虫于5～6月咬羽化孔钻出树干，交尾后产卵于树干或斜枝下面，尤以距地面2米内的枝干着卵

图 2-152 核桃天牛成虫

图 2-153 核桃天牛卵

图 2-154 核桃天牛幼虫

旬进入孵化盛期。初孵幼虫把皮层蛀成三角形蛀道，将木屑和粪便从蛀孔排出，致树皮外胀纵裂（是识别云斑天牛危害的重要特征），而后蛀入木质部，在粗大枝干里多斜向上蛀，在细枝内则横向蛀至髓部再向下蛀，隔一定距离向外蛀一通气排粪孔。幼虫活动范围的隧道里基本无木屑和虫粪，其余部分则充满木屑和粪便。幼虫危害至深秋休眠越冬，翌年4月继续活动，8～9月老熟幼虫在肾状蛹室里化蛹，羽化后越冬于蛹室内，第三年5～6月才出树。3年完成1代者，第四年5～6月成虫出树。

4. 防治要点

（1）农业防治：及时剪除虫枝并烧毁；成虫发生期，于产卵前及时捕杀成虫；成虫产卵盛期后，挖卵和初龄幼虫，杀之；用细铁丝插入新鲜排粪孔内刺杀幼虫。

（2）药剂防治：产卵盛期后经常检查，可发现产卵刻槽，用敌敌畏或杀螟松乳油等10～20倍液涂抹，杀卵及初龄幼虫效果好。对于蛀入木质部的幼虫，可从新鲜排粪孔注入药液，如50%辛硫磷乳油或90%晶体敌百虫、20%灭扫利乳油10～20倍液等，每孔最多注射10毫升，然后用湿泥封孔，杀虫效果很好。注意药液不能注入太多，以能杀死幼虫并被树体吸收为

多。成虫寿命1个月左右。产卵时先在枝干上咬一椭圆形蚕豆粒大小的产卵刻槽，产卵后用细木屑堵住产卵口，卵期10～15天，6月中

度，注入过多易引起烂干。成虫发生期喷洒50%辛硫磷乳油或90%晶体敌百虫1000倍液、5%来福灵乳油3000～4000倍液、10%多来宝乳油800～1000倍液等。

五十七、柳干木蠹蛾

柳干木蠹蛾属鳞翅目，木蠹蛾科。学名：*Holcocerus vicarius* Walker，又名柳乌木蠹蛾、柳干蠹蛾、榆木蠹蛾、大褐木蠹蛾、黑波木蠹蛾、红哈虫，除西藏、新疆未见报道外，全国各产区均有分布，危害栗、苹果、李、核桃、杏等果树的干、枝。

1. 危害特点 幼虫在根颈、根及枝干的皮层和木质部内蛀食，形成不规则的隧道，可削弱树势，重致树枯死。

2. 形态鉴别 成虫：体长26～35毫米，翅展50～78毫米，体灰褐色至暗褐色；触角丝状；前翅翅面布许多长短不一的黑色波状横纹，亚缘线黑色，前端呈"Y"形；后翅灰褐色，中部具1个褐色圆斑。卵：椭圆形，长约1.3毫米，乳白色至灰黄色。幼虫：体长70～80毫米，头黑色，体背鲜红色，体侧及腹面色淡；胸足外侧黄褐色，腹足趾钩双序环状。蛹：长椭圆形，长50毫米，棕褐色至暗褐色。（图2-155，图2-156）

图2-155 柳干木蠹蛾成虫

图2-156 柳干木蠹蛾幼虫

3. 发生特点 2年完成1代，以幼虫越冬，第一年以低龄和中龄幼虫于隧道内越冬，第二年以高龄和老熟幼虫在树干内或土中越冬。以老熟幼虫越冬者，翌春4～5月于隧道口附近的皮层处或土中化蛹。成虫发生期不整齐，4月下旬至10月中旬均可见，6～7月较多。成虫善飞行，昼伏夜出，趋光性不强，喜于衰弱树、孤立或边缘树上产卵。卵多产在树干基部树皮缝隙和伤口处，数十粒成堆，卵期13～15天。幼虫孵化后蛀入皮层，再蛀入木质部，多纵向蛀食，群栖危害（多的可达200头），有的还可蛀入根部致树体倒折。

4. 防治要点

（1）农业防治：产卵前树干涂石灰水，既杀卵又防病；成虫发生期以黑光灯捕杀成虫；幼虫危害初期挖除皮下群集幼虫，杀之，并用保护剂涂抹伤口保护。

（2）药剂防治：成虫产卵期，树干2米以下喷洒50%辛硫磷乳油或50%倍硫磷乳油400～500倍液，25%辛硫磷胶囊剂200～300倍液等，毒杀卵和初孵幼虫。幼虫危害期，可用80%敌敌畏乳油或25%喹硫磷乳油30～50倍液对黏土和成药泥塞入虫孔。用40%乐果乳油与柴油1∶9的混合液涂抹被害处，毒杀初侵入幼虫。

五十八、光滑材小蠹

光滑材小蠹属鞘翅目，小蠹科。学名：*Xyleborus germanus* Blandford，分布于南方及西南各产区，危害栗、柿、山楂、核桃等果树的枝干。

1. 危害特点

成、幼虫在木质部内蛀食，影响树势，重者致树枯死。（图2-157）

2. 形态鉴别

成虫：雌体长2.1～2.3毫米，宽约0.8毫米，体棕褐色，前胸背板红褐色，鞘翅暗褐色至黑褐色，头隐于前胸背板下，触角顶部锤状，前胸背板长过鞘翅的一半，背板上布满颗瘤，背板绒毛短小，小盾片钝三角形，鞘翅两侧平行；雄体长1.6～1.8毫米，宽约0.6毫米，栗褐色，具强光泽，前胸背板瘤区齿突如短小的横堤，相互近邻成弧线，由下向上渐小，止于背顶，鞘翅平坦。卵：近球形，乳白色，半透明。幼虫：体长2.2毫米，无足，头浅黄，胴部乳白色，12节。蛹：近长筒形，长2毫米，乳白色至浅黄色。（图2-158）

图2-157 光滑材小蠹危害状

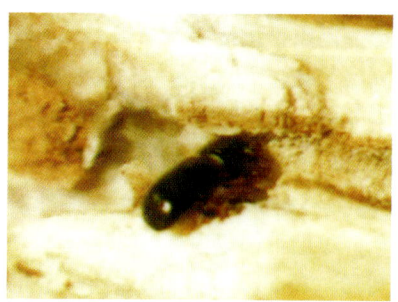

图2-158 光滑材小蠹成虫

3. **发生特点** 以成虫在虫道内越冬。成虫多在老翘皮下蛀入树体,蛀孔圆形,直径0.8毫米,蛀道不规则,长短不一,长10~20余厘米,蛀道末端为卵室。幼虫在蛀道内危害至老熟后化蛹。新羽化的成虫出树期和侵入时,常在树干上爬行并在蛀孔处频繁出入,是药剂防治的关键期。发生世代不详。

4. **防治要点**

(1)农业防治:加强综合管理,增强树势,提高抗虫能力;冬、春季刮除老翘皮,并以石灰水涂干。

(2)药剂防治:成虫出树期用高浓度触杀剂喷洒树干致淋洗状态,毒杀成虫,可用40%辛硫磷乳油或40%乐斯本乳油、2%罗速发乳油、20%速灭杀丁乳油、2.5%敌杀死乳油1000倍液等。

五十九、六星黑点蠹蛾

六星黑点蠹蛾属鳞翅目,木蠹蛾科。学名:*Zeuzera leuconotum* Butler,又名白背斑蠹蛾、栎干蠹蛾、枣树截干虫、胡麻布蠹蛾、豹纹蠹蛾,分布于华东、华中、华南及西南等产区,危害栗、樱桃、柿、桃、枣、石榴、苹果等果树的树干。

1. **危害特点** 幼虫蛀入枝干皮层和髓心部危害,致受害处以上枝条生长衰弱,重者枯死,对树体生长和开花结果影响较大。

2. **形态鉴别** 成虫:雌体长18~30毫米,翅展33~46毫米,体被灰白色鳞片,触角丝状,胸背具6个近圆形黑斑,前翅有10个椭圆形黑斑点,后翅前半部也布较小黑斑,腹部赤硫色,每节均生宽的黑横带,腹部各节有3块黑斑;雄体长18~23毫米,触角双栉齿状,其他特征与雌蛾类似。卵:长椭圆形,长0.9~1毫米,浅黄色。幼虫:体长35~65毫米,头部黑色,大颚黑色、发达,前胸板、臀板黄褐色至黑褐色;前胸背板前缘有一横脊状突起;胸部浅黄色,背部浅红色,各节具小黑点数个。蛹:长15~29毫米,浅红褐色。(图2-159,图2-160)

3. **发生特点** 多数地区年发生1代,河南地区2年完成1代,以幼虫在受害枝干内越冬。陕西地区4月中旬化蛹,5月中、下旬成虫羽化产卵;河南地区翌年5、6

图 2-159 六星黑点蠹蛾成虫

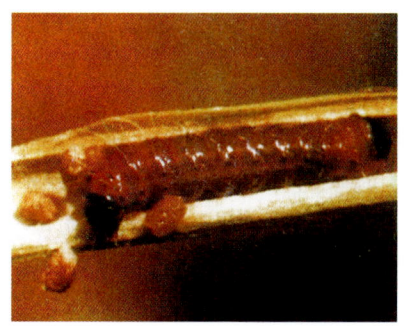

图 2-160　六星黑点蠹蛾幼虫

月间幼虫在隧道内化蛹，成虫 7 月羽化。成虫趋光性强，卵多成堆产在中龄枝干树皮上，每堆 100～300 粒，卵期 15 天左右。初孵幼虫爬行迅速，受惊吐丝下垂。幼虫从幼嫩枝芽腋处蛀入枝条髓心处危害，从尖端分段下移，大龄幼虫蛀害木质部及髓心部分，常导致枝干萎蔫枯死，果实脱落。老熟幼虫在隧道里作茧化蛹。羽化时，从羽化孔伸出半截蛹体羽化，蛹皮留在羽化孔处。天敌有寄生蜂等。

4. 防治要点

（1）农业防治：幼虫化蛹至羽化前及时剪掉干枯的枝条，2～7 月发现园内有枯黄枝叶也应及时剪除，集中烧毁。坚持实施 2 年可基本控制其危害。

（2）保护和利用天敌：小茧蜂在越冬后的幼虫体上可连续繁殖 2 代，在剪拾有虫枝条内常有一定数量的寄生蜂，将虫枝分捆立于林地内，让蜂自然扩散，待 5 月上旬害虫化蛹后收集虫枝烧毁，消灭虫枝中的害虫。

（3）药剂防治：在卵孵化盛期、初孵幼虫蛀入枝、干危害前，喷洒 40% 辛硫磷乳油或 50% 杀螟松乳油、30% 乙酰甲胺磷乳油 1000～1500 倍液等，能收到良好的杀虫效果。在幼虫初蛀入韧皮部时，用 80% 敌敌畏乳油 1200 倍液或 40% 毒死蜱柴油液（1：9），或 50% 杀螟松乳油柴油溶液等涂虫孔，杀虫率可达 100%。

六十、黑翅土白蚁

黑翅土白蚁属等翅目，白蚁科。学名：*Odontotermes formosanus* Shiraki，分布黄河以南及西南各产区，危害板栗、枣、柿、茶、柑橘等树的树干及根茎。

1. 危害特点
白蚁营巢于土中，取食树木的根茎部，并在树木上修筑泥被，啃食树皮，也能从伤口侵入木质部危害。苗木受害后常枯死，成年树被害后生长不良。此外，白蚁还危及江河堤坝安全。（图 2-161，图 2-162）

2. 形态鉴别
有翅繁殖蚁：体长 12～18 毫米，头、胸、腹背面黑褐色，翅暗褐色，触角 19 节，全身密被细毛，前胸背板中央有 1 个淡色"十"字形纹。卵：乳白色，

第二章 板栗害虫鉴别与无公害防治

图 2-161　黑翅土白蚁蚁巢

图 2-162　黑翅土白蚁危害状

椭圆形，长径 0.6 毫米。兵蚁：体长 5～6 毫米，头暗黄色，胸、腹部淡黄色至灰白色；头部毛稀疏，胸腹部毛较密集。工蚁：体长 5～6 毫米，头黄色，胸、腹部灰白色。（图 2-163）

3. 发生特点　筑巢地下，危害树木时一般先取食树干表皮和木栓层，后期才向木质部深入。5～6 月及 9 月为两个危害高峰，7～8 月则在早、晚和雨后活动。每年 4 月底、5 月初在蚁巢附近出现成群的圆锥形突起分飞孔。相对湿度 95%以上的闷热天气或大雨后，有翅繁殖蚁从分飞孔飞出，脱翅并雌雄配对后钻入地下建立新巢，成为新蚁巢的蚁后和蚁王。有些位于浅土层的幼龄巢和菌圃腔，在 6～8 月连降暴雨后地面上会长出鸡枞菌，可作为确定蚁巢的标志。蚁巢由小增大，一个大巢群内白蚁达 200 万头以上。兵蚁保卫蚁巢，

图 2-163　黑翅土白蚁工蚁

工蚁担负采食、筑巢和抚育幼蚁等工作，蚁王和蚁后匿居蚁巢内繁殖后代。工蚁在树干上取食时做泥线或泥坡，可高达数米，形成泥套，这是白蚁危害的重要特征。

4. 防治要点

（1）清理杂草、朽木和树根，减少白蚁食料。

（2）在白蚁分飞季节，用黑光灯诱杀。

（3）白蚁诱杀包诱杀：每 667 平方米放置 15～25 个，经 2～3

个月，蚁巢可被消灭。

（4）开沟灌药液灭蚁：于树干四周开沟，灌入10％氯氰菊酯乳油或20％氰戊菊酯乳油、10％灭扫利乳油、48％乐斯本乳油、50％辛硫磷乳油等150～500倍液，然后覆土。

（5）蚁巢灌药：发现蚁巢后，用上述药液灌入巢内，每巢1～20千克，杀蚁效果好。

第三章

板栗园害虫主要天敌保护与鉴别利用

一、食虫瓢虫

食虫瓢虫属鞘翅目,瓢虫科。瓢虫的种类多达4000多种,其中80%以上是肉食性的,常见的有七星瓢虫、四斑月瓢虫、二星瓢虫、小红瓢虫、大红瓢虫、异色瓢虫、黑背小毛瓢虫、澳洲瓢虫、深点食螨瓢虫、黑襟毛瓢虫、龟纹瓢虫、孟氏隐唇瓢虫等,均为天敌昆虫,全国各产区均有分布。我国利用瓢虫防治果树害虫已达数十种。(图3-1~图3-3)

图3-1 七星瓢虫成虫

1. **防治对象** 以成虫、幼虫捕食叶螨、蚜虫、介壳虫、粉虱、木虱、叶蝉等小体型昆虫及鳞翅目低龄幼虫和卵。

图3-2 七星瓢虫幼虫

2. **生活习性** 捕食性瓢虫食量很大,如异色瓢虫的1龄幼虫每天捕食蚜虫数量为10~30头,4龄幼虫为每天100~200头,成虫食量更大。而深点食螨瓢虫能捕食果树、蔬菜、花卉及林木中的多种螨类的成虫、若虫和卵,它的成虫和幼虫发生时期长,世代重叠,食量大,对果树上的螨类有较好的控

图3-3 七星瓢虫蛹

制作用。

3. 利用方法

（1）利用七星瓢虫等防治果树蚜虫：食蚜瓢虫除七星瓢虫外，还有四斑月瓢虫、二星瓢虫、异色瓢虫、龟纹瓢虫、六斑月瓢虫等。于4～5月间把麦田的上述瓢虫引移到果园，每667平方米移入1000头以上，可有效地防治果树蚜虫；也可在早春利用田间的蚜虫饲养繁殖瓢虫，然后散放到果园中控制果树蚜虫，效果好。

（2）利用澳洲瓢虫、大红瓢虫、小红瓢虫防治果树害虫吹绵蚧：4～6月移殖散放到果园中心枝叶茂密、吹绵蚧多的果树上，每500株受害树散放200头成虫，散放后2个月可消灭吹绵蚧。

（3）利用食螨瓢虫防治果树害螨：常用的有深点食螨瓢虫、广东食螨瓢虫、拟小食螨瓢虫、腹管食螨瓢虫。生产上，华北地区用深点食螨瓢虫防治苹果叶螨效果很好，后3种分布于东南各省。在4～5月和9～10月将食螨瓢虫散放在果树枝条上，于每667平方米果园中央10株放200～400头，可控制山楂叶螨等。

二、草蛉

草蛉属脉翅目，草蛉科。幼虫又称蚜狮。草蛉种类多，分布广，食性杂，已知有86属1350多种，中国有15属100余种，常见的有中华草蛉、大草蛉、丽草蛉、叶色草蛉、晋草蛉等，分布在长江流域及北方各省，普通草蛉分布在新疆、黄淮、台湾等地。（图3-4，图3-5）

1. 防治对象

草蛉是捕食性天敌昆虫。成虫、幼虫捕食螨类、蚜虫类、白粉虱、叶蝉、介壳虫、蓟马等多种小体型害虫以及蝶蛾类和叶甲类的卵和幼虫。

图3-4 草蛉成虫

图3-5 草蛉幼虫

2. 生活习性　草蛉食量大，行动迅速，捕食能力强。草蛉在华北地区年发生3～5代。其成虫产卵量大，少者300～400粒，多者达1000粒以上。草蛉发育一代需22～43天。1头大草蛉幼虫一生可捕食各类蚜虫600头以上；1头中华草蛉1～3龄幼虫平均日最多可捕食若螨400～700头左右，同时还可捕食其他害虫的卵和幼虫。中华草蛉控制害虫的作用非常明显。

3. 利用方法　晋草蛉嗜食螨类，可用于防治山楂叶螨、卵形短须螨。大草蛉嗜食蚜虫，用于防治果树上的蚜虫。利用方法是在：上述螨类、蚜虫初发时投放即将孵化的灰色蛉卵；也可把蛉卵放入1%琼脂液中，用喷雾法施放。

草蛉的饲养：将新羽化的成虫集中大笼饲养，喂饲清水和啤酒酵母干粉加食糖混合（10∶8）的人工饲料；进入产卵前期转入产卵笼饲喂，每笼养雌草蛉50～75头，搭配少量雄虫，笼内壁围衬卵箔纸，24小时可获草蛉卵700～1000粒，每天更换卵箔纸1次，添加清水和饲料；把卵箔装进塑料袋，封口，置于8～12℃条件下，存放30天，卵仍可孵化。

三、寄生蜂、蝇类

（一）寄生蜂

寄生蜂属膜翅目，分属姬蜂科、小蜂科等，种类多，分布广，我国应用较多的有赤眼蜂、蚜茧蜂、甲腹茧蜂、上海青蜂、跳小蜂和姬小蜂、姬蜂和茧蜂等。

1. 防治对象　以雌成虫产卵于鳞翅目害虫，如桃蛀螟、果剑纹夜蛾、刺蛾、桃小食心虫、卷叶蛾及蚜虫等寄主体内或体外，以幼虫取食寄主的体液摄取营养，致寄主死亡。

2. 生活习性　不同的寄生蜂对寄主的寄生方式不同，可以分别寄生卵、幼虫、蛹和成虫、若虫。

（1）赤眼蜂：是一种寄生在害虫卵内的寄生蜂，我国应用较多的有松毛虫赤眼蜂、拟澳洲赤眼蜂、舟蛾赤眼蜂及稻螟赤眼蜂等。该类蜂体型很小，眼睛鲜红色，故名赤眼蜂。它能寄生400余种昆虫卵，尤其喜欢寄生鳞翅目昆虫的卵，例如果树上的刺蛾等，是果园害虫的重要天敌。果树上常见的松毛虫赤眼蜂，在自然条件下，华北地区年发生10～14代，每头雌蜂可繁殖子代40～176头。利用松毛虫赤眼蜂防治果园梨小食心虫，每667平方米放蜂量8万～10万头，梨小食心虫卵寄生率为90%，虫害

明显降低，其效果明显好于化学防治。（图3-6）

（2）蚜茧蜂：是一种寄生在蚜虫体内的重要天敌。蚜茧蜂在4～10月均有成虫发生，每头雌蜂产卵量数粒至数百粒，尤其喜欢寄生2～3龄若蚜，6～9月寄生率较高，有时寄生率高达80%～90%，对蚜虫种群有重要的抑制作用。（图3-7）

（3）甲腹茧蜂：果园常见的是桃小甲腹茧蜂，年发生2代，寄主为桃小食心虫，以幼虫在桃小食心虫越冬幼虫体内越冬，世代发生与寄主同步，寄生率可达25%～50%。

（4）跳小蜂和姬小蜂：为旋纹潜叶蛾的主要天敌，均在寄主蛹内越冬，年发生4～5代，越冬代成虫5月将卵产于寄主幼虫体内，寄生率可达40%以上。（图3-8）

（5）姬蜂和茧蜂：可寄生多种害虫的幼虫和蛹，果树上主要有桃小食心虫白茧蜂和花斑马尾姬蜂。白茧蜂年发生4～5代，产卵于寄主卵内，随寄主卵孵化而取食发育，直至将寄生幼虫致死。马尾姬蜂年发生2代，以幼虫在寄主幼虫体内越冬，翌春待寄主化蛹后将其食尽，并在寄主蛹壳内化蛹。（图3-9，图3-10）

3. **利用方法** 以赤眼蜂为例，用蓖麻蚕、柞蚕及松毛虫的卵繁殖松毛虫赤眼蜂和拟澳洲赤眼蜂，这两种赤眼蜂在蓖麻蚕卵内，25℃发育历期10～12天，每年可繁殖

图3-6　赤眼蜂成虫

图3-7　蚜茧蜂寄生后的僵蚜

图3-8　上海青蜂成虫

图 3-9 绒茧蜂成虫

图 3-10 害虫体上的茧蜂幼虫

30～50代。繁殖时可从田间采集被赤眼蜂寄生的卵,羽化后进行鉴定再饲养。用于寄生的蓖麻蚕卵先洗掉表面胶质,用白纸涂薄胶后,把蚕卵均匀粘上,制成卵箔或称卵卡。繁蜂时把卵箔置于繁蜂箱透光一面,当种蜂羽化30%～40%时接蜂。成蜂趋光并趋向蚕卵寄生。种蜂和蓖麻蚕卵的比为2:1或1:1,适温25～28℃,相对湿度以85%～90%为宜。田间放蜂、繁蜂及防治对象的卵期应掌握恰当才能有效。制好的蜂卡要在蜂发育到幼虫期或预蛹期时置于10℃以下冷藏保存,50～90天内羽化率不低于70%。放蜂时,把即将羽化的预制蜂卡按布局分放在田间,使其自然羽化;也可先在室内使蜂羽化,再饲以糖蜜,然后到田间均匀释放。防治发生代数较多或产卵期较长的害虫时,应在害虫产卵期内多次放蜂。

(二)寄生蝇

寄生蝇属双翅目,寄蝇科,是果园害虫幼虫和蛹的主要天敌,防治对象与寄生蜂类基本相同。其与苍蝇的主要区别是身上有很多刚毛,种类很多,果树上常见的有卷叶蛾赛寄蝇、伞裙追寄蝇等,寄主为桃小食心虫、大袋蛾、棉铃虫、小地老虎等。(图3-11)

图 3-11 寄生蝇寄生木蠹蛾幼虫

四、捕食螨

捕食螨属蛛形纲,分属不同的科,是以捕食害螨为主的有益螨类的统称。我国有利用价值的捕食螨种类有智利小植绥螨、东方植绥螨、尼氏钝绥螨、穗氏钝螨、东方钝绥螨、拟长毛钝绥螨、西方盲走螨等。(图 3-12,图 3-13)

1. **防治对象**　以成、若虫捕食害螨和蚜虫、介壳虫、叶蝉等小体型害虫和卵。

2. **生活习性**　在捕食螨中,以植绥螨最为理想,它捕食凶猛,具有发育周期短、捕食范围广、捕食量大等特点。1头雌螨能消灭5头害螨在半月内繁殖的群体,同时还捕食一些蚜虫、介壳虫等小体型害虫。植绥螨发生代数因种类而异,一般年发生 8~12 代,以雌成虫在枝干树皮裂缝或翘皮下越冬。幼螨孵化后随即取食,成、若螨均可捕食害螨的各虫态。

3. **利用方法**

(1) 我国对几种植绥螨的饲养繁殖多采用隔水法:即在瓷盆内垫泡沫塑料,上盖一层薄膜,饲料和植绥螨放在薄膜上,盘中加浅水隔离,防止植绥螨逃逸。饲料以喜食的害螨为主,也可用 20%~50%的蜂蜜水、鲜花粉或干燥 2 年的柑橘花粉。

(2) 适时在果园中释放植绥螨:果园内种植益螨栖息植物,如豆类等,增加其栖息场所和食料来源;合理灌溉,提高果园相对湿度;加强测报,必要时进行挑治,以利益螨繁殖,使益螨种群数量增加,维持益、害螨之间的数量平衡,把害螨控制在经济阈值允许的范围之内。

图 3-12　钝绥螨(上)捕食红蜘蛛

图 3-13　具瘤神蕊螨捕食红蜘蛛卵(上)

五、蜘蛛

蜘蛛属蜘蛛纲,蛛形目,种类多,种群的数量大,分属不同的科。我国有 3000 多种,现已定名 1500 余种,其中 80%生活在果园中,是害虫的主要天敌,如三突花蛛、草间小黑蛛、八斑球腹蛛、拟水狼蛛等。(图 3-14)

图 3-14 蜘蛛

1. **防治对象** 捕食同翅目、鳞翅目、直翅目、半翅目、鞘翅目等多种害虫,如蚜虫、花弄蝶、毛虫类、蜡象、叶蝉、飞虱、卷叶蛾等的成虫、幼虫和卵。

2. **生活习性** 蜘蛛寿命较长,小体型为半年以上,大体型可达多年;两性生殖,雄蛛体小,出现时间短,通常采到的多为雌蛛;抗逆性强,耐高温、低温和饥饿;为肉食性动物,性情凶猛,行动敏捷,专食活体,在它的视力范围或丝网附近的猎物很少能够逃脱;分结网和不结网两类,前者在地面土壤间隙做穴结网或在树冠上、草丛中结网,捕食落入网中的害虫,后者在地面游猎捕食地面和地下的害虫,也可从树上、草丛、水面或墙壁等处猎食,无固定的栖息场所。捕食时先用螯肢刺入活虫体内,注入毒液使之麻痹,然后取食。

3. **利用方法**

(1) 创造适于蜘蛛生存的环境条件,特别注意不要人为破坏蜘蛛结的丝网;收集田边、沟边杂草等处的蜘蛛,助其迁入果园。

(2) 人工繁殖:人工繁殖母蛛越冬,待其产卵孵化后,分批释放至果园,增加果园有益蛛量;或于2～3月在田间收集越冬卵囊,冷藏在0℃左右的低温下,经40天对孵化无影响,待果树发芽后放入果园。

(3) 防治害虫时选择高效低毒农药,不准用剧毒农药,以免伤及害虫天敌。

六、食蚜蝇

食蚜蝇属双翅目,食蚜蝇科,种类多,分布广,主要有黑带食蚜蝇、斜斑额食蚜蝇等。(图3-15,图3-16)

1. **防治对象** 捕食果树蚜虫、叶蝉、介壳虫、飞虱、蓟马、叶螨等小体型害虫和蝶蛾类害虫的卵和初龄幼虫。

2. **生活习性** 成虫颇似蜜蜂,但腹部背面大多有黄色横带,喜取食花粉和花蜜。卵单产,白色,大多产于蚜虫群中或其周围。黑带食蚜蝇是果园中较常见的一种。幼虫蛆形,头尖尾钝,体壁上有纵向条

图 3-15　食蚜蝇成虫

图 3-16　食蚜蝇幼虫

纹，碰到蚜虫就用口器咬住不放，举在空中吸食，把体液吸干后丢弃在一旁，继续捕食。幼虫孵化后即可捕食蚜虫，每只幼虫一生可捕食数百头至数千头蚜虫。黑带食蚜蝇在华北地区年发生 4～5 代，卵期 3～4 天，幼虫期 9～11 天，蛹期 7～9 天，多以末龄幼虫或蛹在植物根际土中越冬，翌春 4 月上旬成虫出现，4 月下旬在果树及其他植物上活动取食，5～6 月各虫态发生数量较多，7～8 月蚜虫等食料缺乏时，幼虫在叶背或卷叶中化蛹越夏，秋季又继续取食或转移至果园附近农田或林木上产卵，孵化后继续取食蚜虫，秋后入土化蛹。

3. 利用方法

（1）种植蜜源植物，招引和诱集食蚜蝇繁衍。

（2）人工繁殖和释放。

（3）提倡使用高效低毒低残留农药，禁用剧毒农药，保护天敌。

七、食虫蝽象

食虫蝽象属半翅目，蝽总科，是果园害虫天敌的一大类群，种类很多，主要有茶色广喙蝽、东亚小花蝽、小黑花蝽、黑顶黄花蝽、白带猎蝽、褐猎蝽等。（图 3-17，图 3-18）

1. 防治对象

以成、若虫捕食蚜虫、叶螨、介壳类、叶蝉、蓟马、蝽象以及鳞翅目、鞘翅目害虫的卵及低龄幼虫。

2. 生活习性

食虫蝽象与有害蝽象的区别：有害蝽象有臭味，其喙由头顶下方紧贴头下，直接向体后伸出，不呈钩状；而食虫蝽象大多无臭味，喙坚硬如锥，基部向前延伸，弯曲或呈钩状，不紧贴头下。在北方果区多数食虫蝽象年发生 4 代，发生期 4～10 月，以雌成虫在果树枝、干的翘皮下越冬，翌年 4 月开始活动取食。若虫孵化

图 3-17　光肩猎蝽成虫

图 3-18　光肩猎蝽若虫

后即可以取食，专门吸食害虫的卵汁或幼、若虫体液。食虫蝽象捕食能力很强，1头小黑花蝽成虫日平均捕食各种虫态叶螨20头、卵20粒、蚜虫27头。

3. 利用方法

（1）创造适于天敌活动的环境条件，招引和诱集天敌。

（2）人工繁殖和释放。

（3）果园用药要选用对天敌杀伤力小的农药，保护天敌。

八、螳螂

螳螂属螳螂目，螳螂科，俗称"砍刀"，种类多，分布广，我国有50多种，常见的有广腹螳螂、大刀螳螂、薄翅螳螂、中华螳螂等。（图3-19，图3-20）

1. **防治对象**　捕食蚜虫类、蛾蝶类、甲虫类、蝽象类等60多种果园害虫，食性很杂。

2. **生活习性**　北方果区年发

图 3-19　螳螂雌成虫

图 3-20　螳螂茧

生1代，以卵在树枝上越冬。每年5月下旬至6月下旬孵化为若虫，8月羽化为成虫，成虫交尾后雌成虫即将雄成虫吃掉，9月后产卵越冬。自春至秋田间均有发生，成、若虫期100～150天，其间均可捕食害虫。若虫具有跳跃捕食习性。1～3龄若虫喜食蚜虫，特别是有翅蚜；3龄以后嗜食体壁较软的鳞翅目害虫；成虫则可捕食各类虫态的害虫。螳螂食量大，1只螳螂一生可捕食害虫2000多头。其捕食有两大特点，一是只捕食活的猎物；二是即使吃饱了，见到猎物不吃也要杀死，即螳螂特有的杀死性。

3. 利用方法

（1）人工繁殖和释放：螳螂产卵后，采集产有螳螂卵的枝条，放在室内保护越冬，第2年待初孵若虫出现时释放到果园，每667平方米释放200～300头。

（2）注意化学药剂的品种选择、喷药量和喷药时期，尽量避免在杀死害虫的同时也杀死螳螂。

九、白僵菌

白僵菌为虫生真菌，属半知菌类，是昆虫的主要病原真菌。

1. 防治对象

可防治鳞翅目、鞘翅目、半翅目、同翅目、直翅目、膜翅目等200多种害虫的幼虫，如危害果树的桃小食心虫、桃蛀螟、刺蛾类、夜蛾类、梨虎象、柑橘卷叶蛾、拟小黄卷蛾、褐带长卷蛾、后黄卷叶蛾、荔枝蝽等。（图3-21，图3-22）

2. 作用机理

白僵菌菌剂一般为白色至灰白色粉状物，是白僵菌的分生孢子。国产白僵菌粉剂每克含活孢子50亿～80亿个。菌剂喷洒到害虫体上后，菌丝穿透幼虫体壁，在体内大量繁殖，约经2～3天致害虫死亡。死虫体壁坚硬，体表长满白色菌丝及孢子，称为白僵虫。虫体上的孢子随风扩散，遇到其他害虫又可传染，使害虫致病

图3-21　白僵菌致金龟子成虫死亡状

图3-22　白僵菌致蛀干害虫死亡状

死亡。白僵菌寄主专一性强（对桃小食心虫的自然寄生率可达20%～60%），持效性长，可保护天敌，致死害虫速度虽不及化学农药效果明显，但对环境不会造成污染。

3. 利用方法

（1）用于防治桃小食心虫和蛴螬：在果园桃小食心虫越冬幼虫出土和脱果初期以及蛴螬活动盛期，树下地面喷洒白僵菌粉每平方米8克与25%辛硫磷微胶囊剂每平方米0.3毫升混合液,防效明显。用白僵菌高效菌株B-66处理地面，可使桃小食心虫出土幼虫大量感病死亡，幼虫僵死率达85.6%，并显著降低蛾、卵数量。

（2）防治蚜虫：在蚜虫发生严重时喷洒白僵菌制剂，感染该菌的蚜虫死后表面呈白色,症状明显。

利用白僵菌制剂防治害虫时，菌液要随配随用，配好的菌液应在2小时内喷完，以免孢子过早萌发，失去致病力；田间湿度大、菌剂与虫体接触，防治效果才好。

十、苏云金杆菌

苏云金杆菌属细菌，又叫Bt，亦称"424"，另杀螟杆菌、青虫菌、松毛虫杆菌、"7216"等都属于苏云金杆菌类。利用其制成的杀虫剂称为细菌杀虫剂。

1. 防治对象

能杀死农、林、果木的多种害虫，尤其对鳞翅目幼虫（如刺蛾类、卷叶蛾类、桃蛀螟、桃小食心虫、枣尺蠖等）防治效果好，且对草蛉、瓢虫等捕食性天敌无害。（图3-23）

图3-23 苏云金杆菌致鳞翅目幼虫死亡状

2. 作用机理

是目前世界上产量最大的微生物杀虫剂,已有100多种商品制剂。其制剂因采用的原料和方法不同，呈浅黄色、黄褐色或黑色粉末，每克含活孢子100亿～300亿个，可以喷雾、喷粉、泼浇或制成毒土和颗粒剂。杀虫细菌是一种好气性细菌，芽孢对高温忍耐力较强，制剂不受潮湿、保存适当可数年不丧失毒力。其杀虫机理是：害虫食菌后破坏害虫的肠道，影响取食，致害虫死亡。杀虫效果对老熟幼虫比幼龄害虫好。

3. 利用方法

（1）喷雾防治桃蛀螟、刺蛾和卷叶蛾类：选择有露水的早晨或空气湿度较大的傍晚，用每克含活孢子数为 100 亿的菌粉 300～500 倍液喷雾，使用时加 0.1% 的洗衣粉或豆面作为黏着剂，提高防治效果。

（2）菌粉应放在干燥阴凉处保存，避免水湿、曝晒；对家蚕有毒，严禁在桑园使用；因杀虫速度比化学农药慢，施药期应稍加提前。

十一、核多角体病毒

感染昆虫的病毒有 3 大类，即多角体病毒、颗粒病毒和无包涵病毒，其中利用最多的是多角体病毒。

1. 防治对象

致使近 200 种昆虫感染发病，主要是鳞翅目幼虫，如大袋蛾等。（图 3-24）

图 3-24　鳞翅目幼虫感染病毒死亡状

2. 利用方法

饲养健康的幼虫至 3 龄末时，用带病毒的饲料喂食使其感染，3 天后幼虫开始死亡；将死虫收集在棕色瓶里，即制成毒剂，贮存备用。防治大袋蛾时，可在卵盛期喷布。每 667 平方米用 30～50 头死虫，研碎后用 2 层纱布过滤，再用少量清水冲洗，加至所需水量；每 667 平方米所用病毒制剂内加 30 克充分研碎的活性炭保护剂可提高防效。每代需喷 2～3 次，相隔 5～7 天。以此法防治 2 次的防效达 84% 以上，高于其他化学农药，且可以保护天敌。

十二、食虫鸟类

我国以昆虫为主要食料的鸟类约有 600 种，常见的有大山雀、燕子、大杜鹃、大斑啄木鸟、灰喜鹊、喜鹊、戴胜、黄鹂、柳莺等。（图 3-25，图 3-26）

1. 防治对象

可啄食多种农、林、果木的害虫，主要有叶蝉、叶蜂、蚜虫、木虱、蝽象、金龟甲、蝶蛾类幼虫等，果园内所有害虫都可能被取食，对害虫的控制作用非常大。虽然鸟类也啄食成熟的果实，使果实失去食用价值，但利大于弊。

2. 生活习性

（1）大山雀：山区、平原均有分布，地方性留鸟，喜在果园及

图 3-25 戴胜

图 3-26 黑枕黄鹂

灌木丛中活动,善跳跃和飞翔。其多在树洞、墙洞中筑巢,产卵 3～5 枚;食量很大,1 头大山雀 1 天捕食害虫的数量相当于自身体重。在大山雀的食物中,农林害虫数量约占 80%。(图 3-27)

(2) 大杜鹃:夏候鸟或旅鸟,和鸽子大小相近,喜栖息在开阔的林地,以取食大型害虫为主,特别喜食一般鸟类不敢啄食的毛虫,如刺蛾等害虫的幼虫。1 头成年杜鹃 1 天可捕食 300 多头大型害虫。(图 3-28)

(3) 大斑啄木鸟:身体上黑下白,尾下呈红色。在树上活动时,一面攀登,一面以嘴快速叩树,叩树之声不绝于耳,若树上有虫,则快速啄破树皮,用舌钩出害虫吞食,主要捕食鞘翅目害虫、蝽象、天牛蛀干幼虫等。其食量很大,每天可取食 1000～1400 头害虫幼虫。(图 3-29)

图 3-27 大山雀

图 3-28 大杜鹃

(4) 灰喜鹊：留鸟，全体灰色，灵活敏捷，善飞翔，喜在密集的果园和森林中群居和筑巢，喜食金龟子、刺蛾、蓑蛾等30余种害虫。1头灰喜鹊全年可吃掉1.5万头害虫。（图3-30）

3. 利用方法

（1）禁止人为破坏鸟巢，以及捕猎、毒害鸟类。

图3-29 大斑啄木鸟

图3-30 灰喜鹊

（2）招引鸟类：冬季在果园为食虫益鸟给饵，在干旱地区给水，在果园栽植益鸟食饵植物，在果园内设置人工鸟巢箱等，为益鸟的栖息和繁殖创造条件。

（3）避免频繁使用广谱性杀虫剂，以免误伤鸟类。

（4）人工饲养和驯化当地鸟类，必要时可操纵其治虫。

十三、蟾蜍（癞蛤蟆）、青蛙

蟾蜍是无尾目、蟾蜍科动物的总称，全国各地均有分布，有300多种。青蛙是无尾目、蛙科动物的总称，有650余种。青蛙和蟾蜍的区别：皮肤比较光滑、身体比较苗条、善于跳跃、会游泳的称为青蛙（图3-31）；而皮肤比较粗糙、身体比较臃肿、不善跳跃、不会游泳的称为蟾蜍（图3-32）。

1. 防治对象
主要捕食蚱蜢、蝶蛾类幼虫、象鼻虫、蝼蛄、金龟甲、蚜虫等多种害虫。

2. 生活习性
青蛙和蟾蜍冬季多潜伏在水底淤泥里或烂草里，也有的在陆上泥土里越冬。从春末至秋末，白天栖息于石块下、草丛、土洞或池塘、水沟、小河内。黄昏和夜间捕食，有的昼夜均可取食，但以夜间的为多，尤其喜雨后捕食各种害虫，捕食量大，1头青蛙日

图 3-31 青蛙

图 3-32 蟾蜍

捕食 70 多头害虫,对控制果园害虫效果明显。

3. 利用方法

(1) 禁止捕食青蛙和捕捞蝌蚪。

(2) 合理使用农药,禁止使用高毒、高残留农药,保护蛙类。

(3) 有目的的饲养:当田埂边或将要断水的沟渠中有蛙卵和蝌蚪时,及时捞取,放入有水沟渠中,使蛙卵正常孵化,使蝌蚪正常生长。

第四章

板栗病虫无公害综合防治

一、适宜果园使用的农药种类及其合理使用

无公害果品生产使用的农药药剂必须是经国家正式登记的产品，不能使用有致癌、致畸、致突变危险的或有嫌疑的药剂。

（一）允许使用的部分农药品种及使用要求

在果园无公害果品生产中，要根据防治对象的生物学特性和危害特点合理选择允许使用的药剂品种，主要有如下种类。

1. 植物源杀虫、杀菌素 包括除虫菊素、鱼藤酮、烟碱、苦参碱、植物油、印楝素、苦楝素、川楝素、茴蒿素、松脂合剂、芝麻素等。

2. 矿物源杀虫、杀菌剂 包括石硫合剂、波尔多液、机油乳剂、柴油乳剂、石悬剂、硫磺粉、草木灰、腐必清等。

3. 微生物源杀虫、杀菌剂 如Bt乳油、白僵菌、阿维菌素、中生菌素、多氧霉素和农抗120等。

4. 昆虫生长调节剂 如灭幼脲、除虫脲、卡死克、性诱剂等。

5. 低毒低残留化学农药

（1）主要杀菌剂有：5%菌毒清水剂，80%喷克可湿性粉剂，80%大生M-45可湿性粉剂，70%甲基托布津可湿性粉剂，50%多菌灵可湿性粉剂，40%福星乳油，1%中生菌素水剂，70%代森锰锌可湿性粉剂，70%乙膦铝锰锌可湿性粉剂，834康复剂，15%粉锈宁乳油，75%百菌清可湿性粉剂，50%扑海因可湿性粉剂等。

（2）主要杀虫、杀螨剂有：1%阿维菌素乳油，10%吡虫啉可湿性粉剂，25%灭幼脲3号悬浮剂，50%辛脲乳油，50%蛾螨灵乳油，20%杀铃脲悬浮剂，50%马拉硫磷乳油，50%辛硫磷乳油，5%尼索朗乳油，20%螨死净悬浮剂，15%哒螨灵乳油，40%蚜灭多乳油，99.1%加德士敌死虫乳油，5%卡死克乳油，25%扑虱灵可湿性粉剂，25%抑太保乳油等。

允许使用的化学合成农药每种每年最多使用2次，最后一次施药距安全采收间隔期应在20天以上。

（二）限制使用的部分农药品种及使用要求

限制使用的化学合成农药品种主要有：48%乐斯本乳油，50%抗蚜威可湿性粉剂，25%辟蚜雾水分散粒剂，2.5%功夫乳油，20%灭扫利乳油，30%桃小灵乳油，80%敌敌畏乳油，50%杀螟硫磷乳油，10%歼灭乳油，2.5%溴氰菊酯乳油，20%氰戊菊酯乳油，40%乐果乳油等。

无公害果品生产中限制使用的农药品种，每年最多使用1次，施药距安全采收间隔期应在30天以上。

（三）禁止使用的农药

在无公害果品生产中，禁止使用剧毒、高毒、高残留、致癌、致畸、致突变和具有慢性毒性的农药，主要包括：

有机磷类杀虫剂，如甲拌磷、乙拌磷、久效磷、对硫磷、甲基对硫磷、甲胺磷、甲基异柳磷、特丁硫磷、甲基硫环磷、治螟磷、内吸磷、氧化乐果、磷胺、灭线磷、硫环磷、蝇毒磷、地虫硫磷、氯唑磷、苯线磷、水胺硫磷；

氨基甲酸酯类杀虫剂，如克百威、涕灭威、灭多威；

二甲基甲脒类杀虫剂，如杀虫脒；

取代苯类杀虫剂，如五氯硝基苯、五氯苯甲醇；

有机氯杀虫剂，如滴滴涕、六六六、毒杀芬、二溴氯丙烷、林丹；

有机氯杀螨剂，如三氯杀螨醇、克螨特；

砷类杀虫、杀菌剂，如福美砷、甲基砷酸锌、甲基砷酸铁铵、福美甲、砷酸钙、砷酸铅；

氟制类杀菌剂，如氟化钠、氟化钙、氟乙酰胺、氟铝酸钠、氟硅酸钠、氟乙酸钠；

有机锡杀菌剂，如三苯基醋酸锡、三苯基氯化锡；

有机汞杀菌剂，如氯化乙基汞（西力生）、醋酸苯汞（赛力散）；

二苯醚类除草剂，如除草醚、草枯醚；

以及国家规定无公害果品生产禁止使用的其他农药。

（四）无公害果品生产中允许和禁止使用的天然植物生长调节剂及使用要求

允许使用的植物生长调节剂及使用要求：赤霉素类、细胞分裂素类，如苄基腺嘌呤（BA）、玉米素等，要求每年最多使用1次，施药距安全采收期应间隔20天以上；也可使用能够延缓生长、促进成花、改善树体结构、提高果实品质及产量的其他生长调节物质，如乙烯利、矮壮素等。

禁止使用污染环境及危害人

体健康的植物生长调节剂，如比九（B$_9$）、萘乙酸、2，4-二氯苯氧乙酸（2，4-D）等。

（五）科学合理使用农药

1. 对症施药 根据田间的病虫害种类和发生情况选择农药，防治病害以保护性杀菌剂为基础。

2. 适时施药 根据预测预报和病虫害的发生规律，确定使用药剂的最佳时期。

3. 使用农药要喷布均匀周到
选择合适的药械和使用方法，保证使用的农药准确、均匀、到位。

4. 严格按照农药的使用剂量使用农药 同一种类的允许使用的药剂、一个生长周期：一般保护性杀菌剂可以使用3～5次；具有内吸性和渗透作用的农药可以使用1～2次，最好只使用1次；杀虫剂可以使用1～2次，最好只使用1次。

5 严格按农药的安全间隔期使用农药 允许使用的农药品种禁止在采收前20天内使用；限制使用的农药禁止在采收前30天内使用。如果出现特殊情况，需要在采收前安全间隔期内使用农药，必须在植保专家指导下采取措施，确保食品安全。

6. 严格对于使用农药的安全管理 每一个生产者必须对果园中使用农药的时间、农药名称、使用剂量等进行严格、准确的记录。

7. 严禁使用未经国家有关部门核准登记的农药化合物。

8. 其他情况按国家标准《农药合理使用准则》GB／T 8321（所有部分）规定执行。

二、无害化病虫害综合防治

（一）病虫害防治的基本原则

病虫无公害防治的基本原则是综合利用农业的、生物的、物理的防治措施，创造不利于病虫害发生而有利于各类自然天敌繁衍的生态环境，通过生态技术控制病虫害的发生。优先采用农业防治措施，本着"防重于治"、"农业防治为主、化学防治为辅"的无公害防治原则，选择合适的可抑制病虫害发生的耕作栽培技术，通过平衡施肥、深翻晒土、清洁果园等一系列措施控制病虫害的发生。尽量利用灯光、色彩、性诱剂等诱杀害虫，采用机械、人工以及热消毒、隔离、色素引诱等物理措施防治病虫害。一旦需采用化学方法进行防治病虫害时，注意严禁使用国家明令禁止使用的农药及果树上不得使用的农药，并尽量选择低毒、低残留、植物源、生物源、矿物源农药。

（二）病虫害防治的基本措施

1. 农业防治 农业防治是根

据农业生态环境与病虫发生的关系，通过改善和改变生态环境，调整品种布局，充分应用品种抗病、抗虫性以及一系列栽培管理技术，有目的地改变果园生态系统中的某些因素，使之不利于病虫害的流行和发生，达到控制病虫危害、减轻灾害程度、获得优质、安全果品的目的。农业防治方法是果园生产管理中的重要部分，不受环境、条件、技术的限制，虽不如化学防治那样直接、迅速地杀死病虫，却可以长期控制病虫害的发生，大幅度减少化学药剂的使用量，有利于果园长期、可持续发展。

(1) 植物检疫：植物检疫是贯彻"预防为主，综合防治"的重要措施之一，即凡是从外地引进或调出的苗木、种子、接穗、果品等，都应进行严格检疫，防止危险性病虫害的扩散。

(2) 清理果园，减少病源：果园中多数病虫在病枝或残留在园中的病叶、病果上越冬、越夏，及时清理果园可以破坏病虫越冬的潜藏场所和条件，有效地减少病害侵染源，降低害虫发生基数，可以很好地预防病害的流行和虫害的发生。秋季或早春清扫枯枝落叶，集中高温堆沤，可消灭其中越冬病菌和害虫。结合修剪，剪除病虫枝条、病芽，摘除病虫果、叶，剪除病虫枝条，可以有效地防治天牛类、刺蛾类、食心虫、介壳虫等害虫。对于病虫株残体和落在地面上的病虫果，应及时清除并高温堆沤或深埋，可以大大减少病虫的传播与危害。此外，及时清除田间杂草，不但减少了杂草种子在果园的残留，亦可大大减少害虫寄生的机会。

(3) 合理整形修剪，改善果园通风、透光条件：果园在密闭条件下病虫害发生严重，过于茂盛的枝叶常成为小型昆虫繁衍的有利场所。合理整形修剪使树体枝组分布均匀，改善了树冠内通风、透光条件，可以有效地控制病虫害的发生。

(4) 科学施肥，合理灌溉：加强肥、水管理对提高树体抵抗病虫害能力有明显效果，而对具有潜伏侵染特点的病害和具有刺吸式口器的害虫的抵抗作用尤其明显。施肥种类及用量与病虫害发生有密切关系，不要过量施用氮肥，避免引起枝叶徒长，树冠内郁闭，而诱发病虫发生。厩肥堆积过多，常成为蝇、蚊、蛴螬等土栖昆虫的栖息繁殖场所，因此提倡配方施肥、平衡施肥、多施充分腐熟的有机肥、增施磷钾肥，以提高植株抗病性，增强土壤通透性，改善土壤微生物群落，提高有益微生物的生存数量，并保证根系发育健壮。此外，减少氮肥，增施磷钾肥，能增强树体对病害侵染的抵抗力。

果园湿度过大易导致真菌类病害疫情的发生，湿度越大病害越重。果树生长中、后期灌水过多，易使果树贪青徒长，枝条发育不充实，冬季抵抗冻害的能力差。因此，果园浇水应尽量避免大水漫灌，以免造成园内湿度过大，诱发病害发生，宜尽量采用滴灌等节水措施。利用滴灌技术、覆盖地膜技术可以有效地控制园内空气湿度，防止病害的发生。遇大雨后，应及时排水，避免影响果树生长和降低抵抗病虫害能力。

（5）刮树皮，刮涂伤口，树干涂白：危害果树的多种害虫的卵、蛹、幼虫、成虫以及多种病菌孢子隐居在树体的粗翘皮裂缝里休眠越冬，而病虫越冬基数与来年危害程度密切相关，应刮除枝、干上的粗皮、翘皮和病疤，铲除腐烂病、干腐病等枝干病害的菌源，这样做同时还可以促进老树更新生长。刮皮一般以入冬时节或第二年早春2月间进行，不宜过早或过晚，以防止树体遭受冻害以及失去除虫治病的作用。幼龄树要轻刮，老龄树可重刮。操作动作要轻，防止刮伤嫩皮及木质部，影响树势，一般以彻底刮去粗皮、翘皮而不伤及白颜色的活皮为限。刮皮后，皮层集中烧毁或深埋，然后用石灰水涂白剂在主干和大枝伤口处进行涂白，既可以杀死潜藏在树皮下的病虫，还可以保护树体不受冻害。石灰涂白剂的配制材料和比例：生石灰10千克，食盐150～200克，面粉400～500克，加清水40～50千克，充分溶化搅拌后刷在树干伤口处，以不流淌、不结块为度。由虫伤或机械伤引起的伤口是最容易感染病菌和害虫喜欢栖息的地方，应将腐皮朽木刮除，用刀削平伤口后，涂上5波美度石硫合剂或波尔多液消毒，促进伤口早日愈合。

（6）刨树盘：刨树盘是果树管理的一项常用措施。该措施既可起到疏松土壤、促进果树根系生长的作用，又可将地表的枯枝落叶翻于地下，把土中越冬的害虫翻于地表。

（7）树干绑缚草绳，诱杀多种害虫：不少害虫喜在主干翘皮、草丛、落叶中越冬，利用这一习性，于果实采收后在主干分枝以下绑缚3～5圈松散的草绳，诱集消灭害虫。草绳可用稻草或谷草、棉秆皮拧成，绑缚要松散，以利于害虫潜入。

（8）人工捕虫：许多害虫有群集和假死的习性，如多种金龟子有假死性和群集危害的特点，可以利用害虫的这些习性进行人工捕捉。再如黑蝉若虫可食，在若虫出土季节，可以发动群众捕而食之。

（9）园内种植诱集作物，诱

集害虫集中危害而消灭;利用桃蛀螟、桃小食心虫对玉米、高粱趋性更强的特性,在园内种植玉米、高粱等,诱其集中危害而消灭。

(10)园内放养鸡、鸭等家禽:啄食害虫,减轻危害。

2. 物理机械防治 是根据害虫的习性而采取机械方法防治害虫的技术。

(1)黑光灯诱杀:常用 20 W 或 40 W 黑光灯管做光源,在灯管下接一个水盆或一个广口瓶,瓶中放些毒药,以杀死掉进的害虫。此法可诱杀晚间出来活动的害虫,如桃蛀螟、黄刺蛾、茎窗蛾成虫等。

(2)糖醋液诱杀:许多成虫对糖醋液有趋性,因此可利用该习性进行诱杀。方法是:在成虫发生的季节,将糖醋液盛在水碗或水罐内制成诱捕器,将其挂在树上,每天或隔天清除死虫。糖醋液的制备方法:酒、水、糖、醋按 1∶2∶3∶4 的比例放入盆中,盆中放几滴毒药,并不断补足糖醋液。

(3)性外激素诱杀:昆虫性外激素是由雌成虫分泌的用以招引雄成虫来交配的一类化学物质,通过人工模拟其化学结构合成的昆虫性外激素已经进入商品化生产阶段。性外激素已明确的果树害虫种类大约有 30 多种。

1)利用性外激素诱捕器诱杀:目前国内外应用的性外激素捕获器类型有 5 大类 20 多种,如黏着型、捕获型、杀虫剂型、电击型和水盘型。我国在果树害虫防治上已经应用的有桃蛀螟、桃小食心虫、桃潜蛾、梨小食心虫、苹果小卷叶蛾、苹果褐卷叶蛾、梨大食心虫、金纹细蛾等昆虫的性外激素。捕获器的选择及捕获器放置的地点、高度和用量要根据害虫种类、虫体大小、气象因素等确定。在果园放置一定数量的性外激素诱捕器能够诱捕到雄成虫,导致雌、雄成虫的比例失调,减少了自然界雌、雄虫交配的机会,从而达到治虫的目的。

2)干扰交配(成虫迷向):在果园内悬挂一定数量的害虫性外激素诱捕器诱芯作为性外激素散发器,这种散发器不断将昆虫的性外激素释放到田间,使雄成虫寻找雌成虫的联络信息发生混乱,从而失去交配的机会。在果园的试验结果表明,在每 667 平方米内栽植 110 棵果树的情况下,每棵树上挂 3~5 个桃小食心虫性外激素诱芯能起到干扰成虫交配的作用。此法打破害虫的生殖规律,使大量的雌成虫不能产下受精卵,从而极大地降低幼虫数量。

(4)水喷法防治:在果树休眠期(11 月中、下旬)用压力喷水泵喷枝干,喷到流水程度,可以消灭在枝干上越冬的介壳虫。

(5) 果实套袋：果实套袋栽培是近几年我国推广的优质果品技术。果实套袋后，既能增加果实着色，提高果面光洁度，减少裂果，又能防止病菌和害虫直接侵染果实，减少农药在果品中的残留。

3. 生物防治 运用有益生物防治果树病虫害的方法称为生物防治法。生物防治是进行无公害果品生产、有效防治病虫害的重要措施。在果园自然环境中有数百种有益天敌昆虫资源和能促使果树害虫致病的病毒、真菌、细菌等微生物，保护和利用这些有益生物是果树病虫无公害防治的重要手段。生物防治的特点是不污染环境，对人、畜安全无害，无农药残留，符合果品无公害生产的目标，应用前景广阔。但该技术难度较大，研究和开发水平较低，目前应用于防治实践的有效方法还较少。各果园可以因地制宜，选择适合自己的生物防治方法，并与其他防治方法相结合，采取综合治理的原则防治病虫害。

(1) 利用寄生性天敌昆虫防治虫害：寄生性昆虫活动特点是以雌成虫产卵于寄主（害虫）体内或体外，以幼虫取食寄主的体液摄取营养，从而导致寄主死亡，而成虫则以花粉、花蜜等为食或不取食；除了成虫以外，其他虫态均不能离开寄主而独立生活。果园害虫天敌主要有：寄生卷叶虫的中国齿腿姬蜂、卷叶蛾瘤姬蜂、卷叶蛾绒茧蜂，寄生梨小食心虫的梨小蛾姬蜂、梨小食心虫聚瘤姬蜂；寄生潜叶蛾、刺蛾的刺蛾紫姬蜂、刺蛾白跗姬蜂、潜叶蛾姬小蜂等寄生蜂类；寄生鳞翅目害虫幼虫和蛹的寄生蝇类，如寄生梨小食心虫的稻苞虫赛寄蝇、日本追寄蝇，寄生天幕毛虫的天幕毛虫追寄蝇、普通怯寄蝇等。

(2) 利用捕食性天敌昆虫防治害虫：捕食性天敌昆虫靠直接取食猎物或刺吸猎物体液来杀死害虫，致死速度比寄生性天敌快得多。例如：捕食叶螨类的深点食螨瓢虫、腹管食螨瓢虫、大草蛉、中华通草蛉、食蚜瘿蚊等；捕食蚜虫的七星瓢虫；捕食介壳虫的黑缘红瓢虫、红点唇瓢虫等。此外，还有螳螂、食蚜蝇、食虫蝽象、胡蜂、蜘蛛等多种捕食性天敌，抑制害虫的作用非常明显。

(3) 利用食虫鸟类防治虫害：鸟类在农林生物多样性中占有重要地位，它与害虫形成相互制约的密切关系，是害虫天敌的重要类群。我国以昆虫为主要食料的鸟类约有600多种，如大山雀、大杜鹃、大斑啄木鸟、灰喜鹊、家燕、黄鹂等，主要或全部以昆虫为食物，对控制害虫种群作用很大。

(4) 利用病原微生物防治病虫害

1) 利用病原微生物防治害虫：在自然界中，有一些病原微生物（如细菌、真菌、病毒、线虫等）在条件合适时能引发害虫流行病，致使害虫大量死亡。利用病原微生物防治虫害主要有细菌、真菌、病毒3大类制剂。

2) 利用病原微生物防治病害：主要是利用某些真菌、细菌和放线菌对病原菌的杀灭作用防治病害，方法是直接把人工培养的抗病菌施入土壤或喷洒在植物表面，控制病菌发育。目前国外已制成对部分病原微生物有抑制作用的微生物产品，如美国生产的防治根癌病的放射性土壤杆菌菌系 K_{84}，应用效果显著。此外，国内也已分离出一些菌株。在土壤中多施用有机肥，促进多种天然存在的抗生菌大量繁殖，可有效防治果树根系病害，也是利用病原微生物防治病害的可行措施。

目前国内应用病原微生物防治病虫害的制剂主要有苏云金杆菌、白僵菌制剂、病原线虫。

(5) 利用昆虫激素防治害虫：对危害相对简单的关键害虫以及世代较长、单食性、迁移性小、有抗药性、蛀茎蛀果害虫更为有效。昆虫激素主要有保幼激素、蜕皮激素、性信息激素3大类，其杀虫机理是使害虫生长发育异常而死亡。利用性外激素不仅可以诱杀成虫、干扰交配，还可根据诱虫时间和诱虫量指导害虫防治，提高防效。

4. 化学防治 使用化学药剂防治病虫害具有作用迅速、见效快、方法简便的特点，在现阶段果品生产中仍具有不可替代的作用。然而，化学药剂的长期使用存在着引起害虫抗性、污染环境、减少物种多样性、在果品中残留有危害人体健康的有毒物质等多方面副作用。尤其随着人民生活水平的提高，消费者越来越注重食品安全问题，因此如何科学、合理、正确的使用化学药剂生产无公害果品已日益受到重视。

无公害果品生产并非完全禁止使用化学药剂，使用时应当：遵守有关无公害果品生产操作规程和农药使用标准，合理选择农药种类，正确掌握用药量；加强病虫测报工作，经常调查病虫发生情况，选择有利时机适时用药；选择对人、畜安全、不伤害天敌、不污染环境同时又可以有效杀死有害病虫的农药品种；严禁使用一切汞制剂农药以及其他高毒、高残留、致畸、致癌、致残农药，严禁使用未取得国家农药管理部门登记和没有生产许可证的农药。

参考文献

1 冯玉增等. 石榴病虫害鉴别与无公害防治. 北京：科学技术文献出版社，2009
2 吕佩珂等. 中国果树病虫原色图谱. 第2版. 北京：华夏出版社，2002
3 邱　强. 中国果树病虫原色图鉴. 郑州：河南科学技术出版社，2004
4 徐志宏等. 板栗病虫害防治彩色图谱. 杭州：浙江科学技术出版社，2001
5 北京农业大学主编. 果树昆虫学（下册）. 北京：农业出版社，1981
6 王国平等. 果树病虫害诊断与防治原色图谱. 北京：金盾出版社，2002
7 张玉聚等. 中国农业病虫草害原色图解. 北京：中国农业科学技术出版社，2008

向您推荐

优质果品高产农谚问答

优质果品高产农谚问答　苹果分册	14.00
优质果品高产农谚问答　桃　杏分册	14.00
优质果品高产农谚问答　樱桃　李子分册	14.00
优质果品高产农谚问答　葡萄分册	14.00
优质果品高产农谚问答　板栗　核桃分册	14.00
优质果品高产农谚问答　梨分册	14.00
优质果品高产农谚问答　柿子　石榴分册	14.00
优质果品高产农谚问答　枣　山楂分册	14.00
优质果品高产农谚问答　草莓　猕猴桃分册	14.00

注：邮费按书款总价另加 20%

图书在版编目（CIP）数据

板栗病虫害诊治原色图谱/冯玉增，刘小平主编．－北京：科学技术文献出版社，2010.1
　ISBN　978－7－5023－6514－1

　Ⅰ．板…　Ⅱ．①冯…　②刘…　Ⅲ．板栗－病虫害防治方法－图谱
Ⅳ．S436.64－64

中国版本图书馆CIP数据核字（2009）第205214号

出　版　者	科学技术文献出版社
地　　　　址	北京市复兴路15号（中央电视台西侧）/100038
图书编务部电话	（010）58882938，58882087（传真）
图书发行部电话	（010）58882866（传真）
邮　购　部　电　话	（010）58882873
网　　　　址	http://www.stdph.com
E-mail:stdph@istic.ac.cn	
策　划　编　辑	丁坤善
责　任　编　辑	洪　雪
责　任　校　对	赵文珍
责　任　出　版	王杰馨
发　行　者	科学技术文献出版社发行　全国各地新华书店经销
印　刷　者	北京时尚印佳彩色印刷有限公司
版（印）次	2010年1月第1版1次印刷
开　　　本	889×1194　32开
字　　　数	117千
印　　　张	4
印　　　数	1～6000册
定　　　价	19.00元

ⓒ　版权所有　　违法必究

购买本社图书，凡字迹不清、缺页、倒页、脱页者，本社发行部负责调换。